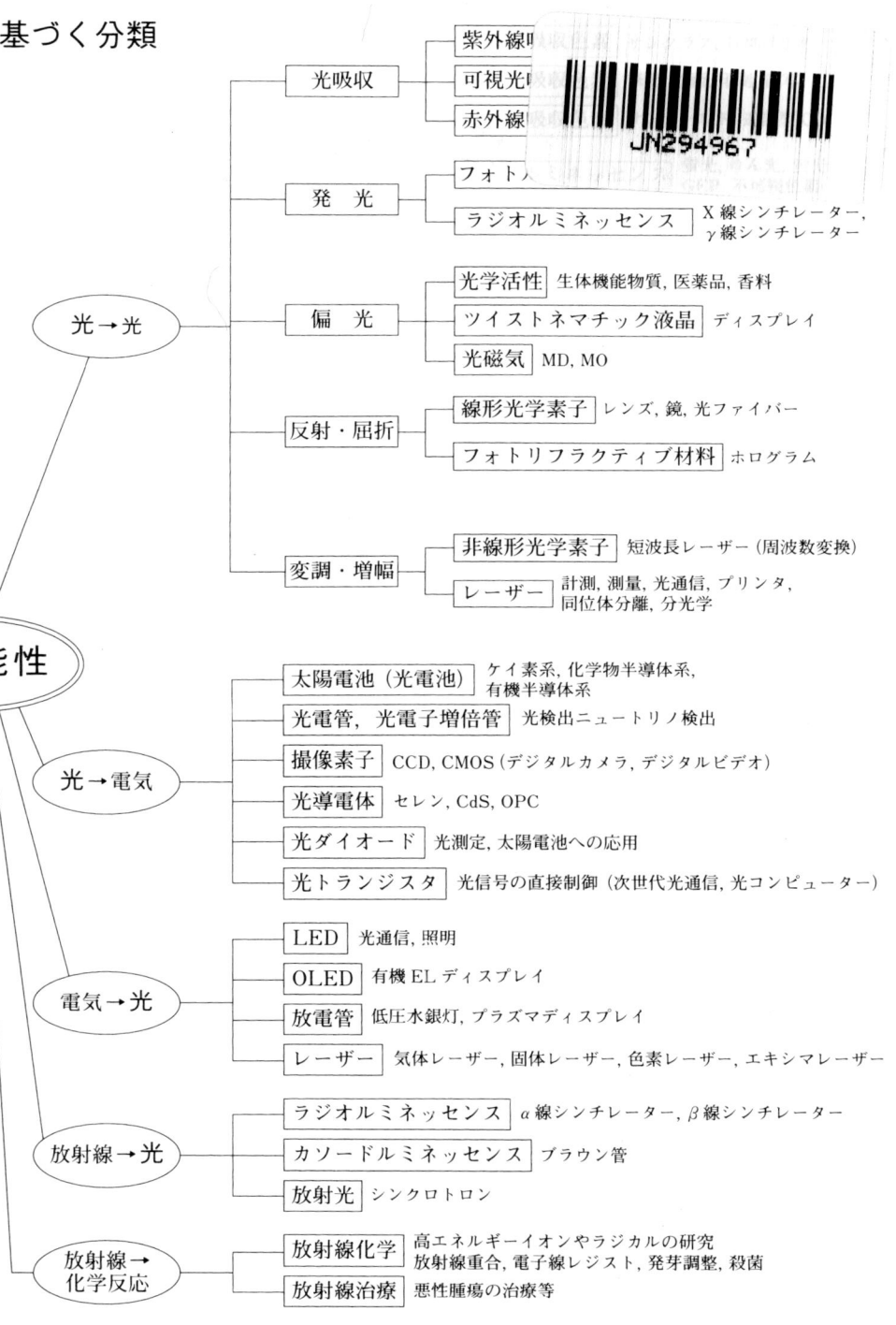

光 化 学
―光反応から光機能性まで―

杉森　彰・時田　澄男　共著

裳　華　房

PHOTOCHEMISTRY
—REACTION AND FUNCTIONALITY—

by

AKIRA SUGIMORI
SUMIO TOKITA

SHOKABO

TOKYO

JCOPY 〈出版者著作権管理機構 委託出版物〉

まえがき

　本書は,「化学新シリーズ」(裳華房)の1冊として1998年に刊行した『光化学』をベースに,光化学反応だけでなく,光物性・光機能性までも視野に入れて新たな書籍として編み直したものである.反応,機能性を同じ基盤で理解することが,発展の著しい光機能性の分野に化学者が仕事をひろげていくためのよい契機になればと願っている.

　宇宙,地球(環境および生物)の何処においても,光と物質は中心的な役割を果している.その光と物質を結びつける学問は"光化学"である.また,最先端の技術は"光"の特性を利用したものが多い.

　光化学は,元々は,光によって起される物質の変化(光化学反応)の研究から始まった.しかし,現在では,光を発生させ,光を操って仕事をさせる技術(光機能性,光物性)の基盤へと領域をひろげて,華々しい発展を遂げている.これも,光化学が光と物質を結びつける学問であることを考えれば当然のことである.

　なぜ光化学を特別に学ばねばならないのだろうか? それは,基本的な(スタンダードな)化学(無機化学・有機化学)で学ぶ物質(原子・分子)の(基底状態における)挙動と,光によって引き起される原子・分子の(励起状態の)挙動とが全く違うためである.この違いは,光のエネルギーを吸収した励起状態の持つ高いエネルギーと,基底状態と全く違ってしまう励起状態の電子配置(電子分布)によっている.

　したがって,光化学の基本(すなわち,励起状態の化学)を身につければ,狭い意味の光化学(光反応)の理解に止まらず,生物学,また,光技術の物理的側面である光機能性の理解も得られることになる.

　本書では,熱的反応と光反応とがいかに違うかを具体例について見た(第2章)あと,その違いを起している基底状態と励起状態の化学を(数学によら

ず）わかりやすく解説し（第3章），第4章では光反応の特質を第2，3章と違った角度から整理し直す．これによって，光化学を多面的に理解する準備ができるであろう．第5～7章では光に特徴的な反応を解説した．基本的な所に重点を置いたため，光反応の各論に割くスペースが少なくなっているので，それを補うため官能基別に光反応を分類し表にして示した（第7章，表7.1）．光化学の方法論，隣接する化学分野との関連についても触れた（第8～10, 16章）．

第11～15章では光化学の応用を，反応から，最先端技術を支えている機能性に至るまで，光機能性の分類（表紙見返しの図）に基づき幅広く扱った．多種多様な光機能性の発現原理を，「エネルギーの授受」という観点で整理したこの図に基づき記述した．主な項目は以下の通りである．光エネルギー → 化学エネルギー（光化学反応，第11章），光エネルギー → 電気エネルギー（光電効果，第12章），光 → 化学の応用としてのリトグラフィーや光ディスク，ならびに，光 → 光の応用としてのホログラフィーや光通信（第13章），熱発光（熱 → 光）と種々のルミネッセンス（第14章），主として電気 → 光としての照明，表示装置，レーザー等（第15章）．

光機能性については，おもに時田が執筆した．原稿は著者二人で頻繁に読み合わせをし，編集部を交えて意見を出し合ってまとめた．光反応の部分と光機能性の部分とが一体化したものに仕上がっているものと思う．編集部の小島敏照氏は著者二人の議論を調整して，まとまりのある本に仕上げてくださった．

2012年8月

杉森　彰・時田澄男

目 次

第1章 光化学の広がり　1

第2章 光反応と熱反応との鮮やかな対比　5

2.1 光反応と熱反応との対比 ………5
 2.1.1 反応の形式が異なる場合 ……5
 2.1.2 反応の選択性が異なる場合
  ………………………………9

第3章 励起状態　14

3.1 光 ……………………………14
3.2 光の吸収 ……………………16
3.3 励起状態の性格と電子分布 ……18
3.4 励起状態の多重度 ……………22
3.5 励起の起こりやすさ ─遷移確率─
 ………………………………23
3.6 励起分子がエネルギーを消費する過程 ………………………29
3.7 励起状態の酸性・塩基性 ………38

第4章 光化学反応の特質　42

4.1 光化学第一法則, 第二法則 ……42
4.2 光化学反応の特質 ─概観─ ……43
4.3 励起分子の持つ高いエネルギーが重要な働きをしている光反応 ……44
4.4 励起分子の電子配置と光反応性
 ………………………………47
 4.4.1 励起状態の電子分布が反応を支配する場合 ……………47
 4.4.2 励起状態, 基底状態の電子軌道の位相が反応を支配する場合 ─Woodward-Hoffmann則─ ………………………51
4.5 励起状態で酸化・還元力が増大することによって起る反応 ……61
4.6 カルボニル基の励起状態と光反応の多様性 ………………………62
 4.6.1 水素引き抜き ………………63
 4.6.2 Norrish Type II 反応 ………63
 4.6.3 n-π*, π-π*, 電荷移動状態
  ………………………………64

第5章 光（誘起）電子移動　69

5.1 光（誘起）電子移動の起りかた …70
5.2 基底状態での電荷移動錯体の生成と励起によるイオン化 …………72
5.3 励起錯体 ─エキシマーとエキシプレックス─ ………………………74
5.4 光電子移動によって起る反応 ……78

第6章 増 感 —光化学における触媒— 82

- 6.1 光増感の視点のいろいろ……82
- 6.2 励起エネルギーの移動…………83
- 6.3 励起エネルギーの移動のしかた ………………………………86
- 6.4 三重項エネルギー移動による 増感・脱励起…………………87
- 6.5 アルケンの cis-trans（E-Z）異性化………………………………89
- 6.6 電子移動による光増感・脱励起 ………………………………93
- 6.7 固体半導体光触媒 —光触媒—…95

第7章 官能基の光化学特性と光反応の型 99

- 7.1 分類の方法……………………99
- 7.2 結合の開裂……………………118
- 7.3 異性化・転位…………………119
- 7.4 付加環化………………………120
- 7.5 閉環・開環……………………120
- 7.6 付加と置換……………………120
- 7.7 酸化と還元……………………123
- 7.8 一重項酸素による酸化………123

第8章 光化学の実験的方法 I 128
—光反応による物質の合成—

- 8.1 光 源…………………………129
- 8.2 単色光の取り出し……………134
- 8.3 照射容器………………………135
- 8.4 光照射試料の調製と照射……137

第9章 光化学の実験的方法 II 139
—光化学反応の解明—

- 9.1 光化学反応の機構の解明 —概観— ………………………………139
- 9.2 量子収量の測定と光反応の波長依存性………………………141
- 9.3 発光スペクトルと光反応との関連 ………………………………144
- 9.4 閃光光分解（時間分解分光法）………………………………144
- 9.5 剛性溶媒法，マトリックス単離法 ………………………………148
  - 9.5.1 剛性溶媒法……………148
  - 9.5.2 マトリックス単離法……148
- 9.6 添加物効果……………………150
  - 9.6.1 Stern-Volmer 式………150
  - 9.6.2 反応活性種の捕捉………154

第10章 自然界における光化学現象 155

- 10.1 光合成…………………………155
- 10.2 植物の行動の制御……………159

10.3	視覚の光化学……………… 160	10.5	成層圏大気における光化学…… 161
10.4	光による生体の損傷………… 161	10.6	光化学大気汚染……………… 162

第11章　光化学の応用 —概念と合成— 165

11.1	概　観……………………… 165	11.2	光による物質の合成………… 166

第12章　光電効果とその応用 175

12.1	色覚と情報記録……………… 175	12.4	太陽電池……………………… 179
12.2	光電効果……………………… 177	12.5	撮像素子……………………… 180
12.3	銀塩写真……………………… 178	12.6	電子写真……………………… 182

第13章　光記録と光通信 186

13.1	光リトグラフィー（フォトレジスト）………………………… 186	13.3	ホログラフィー……………… 191
13.2	光ディスク…………………… 189	13.4	光通信………………………… 194

第14章　光の発生 198

14.1	電磁波の発生………………… 198	14.6	熱ルミネッセンス…………… 203
14.2	熱発光………………………… 199	14.7	摩擦ルミネッセンス………… 203
14.3	フォトルミネッセンス……… 201	14.8	ケミルミネッセンスとバイオルミネッセンス……………… 203
14.4	カソードルミネッセンス…… 202		
14.5	ラジオルミネッセンス……… 203	14.9	蛍光プローブ………………… 206

第15章　発光と表示 208

15.1	照　明………………………… 208	15.3	レーザー……………………… 214
15.2	表示装置……………………… 211		

第16章　光化学の位置づけと放射線化学・電気化学 220

16.1	放射線化学反応……………… 221	16.3	電気化学反応………………… 224
16.2	電子線レジスト……………… 223		

目 次

参考書……226　　索　引……228

▶▶コラム

- 稲作のエネルギー効率……………4
- 光化学第二法則と Einstein, Stark …13
- Grätzel 電池……………………67
- 光触媒の展開
  —藤嶋-橋本の発想の転換—……98
- 機能性色素……………………138
- 人工光合成……………………163
- 絶対不斉合成…………………173
- 真性半導体……………………183
- 不純物半導体…………………184
- 半導体ダイオード……………185
- 文化の継承と記録材料…………197
- 励起状態の計算………………218

第1章　光化学の広がり

　光は，自然界（宇宙，地球，生物）においても，また人間の作り出す技術のいずれにおいても，最も重要な役割を果している．

　宇宙においても広い意味の光化学反応（放射線反応を含む）は大きな意味を持っているが，特に地球と生物においては根源的な役割を担っている．生物の発生と発展・維持は光なしには起らないものである．

　光はエネルギーを運ぶ，また何よりも速く飛ぶ．その光を人間はかなり自由に制御することができるようになった．現代の科学技術は，光を空間的（場所と方向）にも時間的にもコントロールすることによって，その応用範囲をますます広げている．

　自然界における光化学現象，現代の光技術の広がりを**表1.1**に示した（光技術については，表紙見返しの図も参照）．

　生物も人間の技術も，光を二通りに使い分けている．一つは光をエネルギー源として使うことであり，もう一つは光で起る少しの変化を情報源（センサー）としていろいろなものを制御することである．化学の立場からいうと，第一の光エネルギーの変換は，1）化学反応に使う場合（化学エネルギーへの変換）と，2）電気エネルギーなどへの変換とに区別できよう．光をエネルギー源として化学反応を起し物質を創出することは光化学の重要なテーマである．一般の（熱的な）化学反応はエネルギーが低下する方向にしか起らないが（発熱反応），光反応では，光のエネルギーが生成物に化学エネルギーとして蓄えられる吸熱反応が起る可能性がある（植物はそれを実行している）ことも魅力である．生物の使うエネルギーはそのすべてを太陽光に負っている．温暖な地球環境を作り出しているのも太陽である．

　光を情報として利用することに関しては，視覚がまず思い浮かぶが，体内時計にも光化学反応が関係していると考えられている．植物の行動も光で制御さ

表 1.1　光が活躍する自然現象と光を利用した技術

	自然現象	技術[†]
物質の創出・分解	光合成（炭酸同化） 生理活性物質の合成（例：ビタミン D の生成）	人工光合成（水の光分解による H_2, O_2 の発生） 有用な物質の合成（例：光ニトロソ化） $\langle \ \rangle + Cl_2 + NO \xrightarrow{h\nu} \langle \ \rangle = NOH + HCl$ 光硬化（フォトレジスト，印刷，歯科治療など） 光 CVD (chemical vapor deposition, シリコン薄膜の製造など)
	体内における活性酸素の発生 光劣化（光分解）	光分解の利用（フォトレジストなど） 光分解の防止（特にポリマーの日焼け止め）
	宇宙における分子の生成・消滅 オゾン層の生成・消滅 光化学スモッグ	TiO_2 などによる大気汚染物質の除去 殺菌 上水・下水処理
エネルギー変換	光エネルギーから他のエネルギーへ	
	太陽から光の形で来たエネルギーが気圏・水圏で種々のエネルギーに変換される．光合成（炭酸同化）も一種のエネルギー変換とみることができる．	光電池（太陽電池） 光触媒
	他のエネルギーから光エネルギーへ	
	雷，オーロラ	電気照明（白熱電球，蛍光灯，放電管，EL，LED など） レーザー シンクロトロン放射
	生物発光（ホタル，ウミホタル，オワンクラゲ）	化学発光（ケミカルライト）
光による情報の制御・伝達・保存	視覚 生体のリズムの制御（体内時計，発芽，開花など） 光走性，光屈性 DNA の損傷（ガンの発生）	ディスプレイ 光記録（フォトクロミズムの利用など） 光通信 センサー プローブ（生体物質の追跡） 光診断，光治療（新生児黄疸の治療）

[†] 光を利用する技術のさらに詳しいことは第 11〜15 章（一覧表は表紙の見返し）を参照．

れることが多い．光屈性は見やすい例であるが，発芽や結実も光によって支配されているらしい．

先端的な技術の中心は，"電気"から"光"へと移っている．身の回りの技術で光がかかわっているものが多くなっていることは実感されることである．

原子力発電も東日本大震災でその安全性が傷つけられた．それに原子力もしょせん資源に限りがある．やはり，これからの社会が目指すのは，太陽エネルギーの利用でなければならない．太陽から降り注ぐ光エネルギーは年間 5.5×10^{24} J で，人類の消費するエネルギーの2万倍ある．

一方，光にはマイナスの面もある．日常生活では"日焼け"．外出には日焼け止めが欠かせないという人も多い．ものの劣化が光によって加速されることは誰しも実感するところである．また光は生物の DNA を傷つける．生物はそれに対抗して傷ついた DNA を修復するが，それに失敗すると遺伝情報を乱して，深刻な病気を引き起したり突然変異を起したりもする．

このマイナスの面も，見方を変えるとプラスに転換する．光による物質の劣化は廃棄物や汚染物質の分解処理に活用できようし，DNA の損傷は殺菌や品種改良に役立つ．

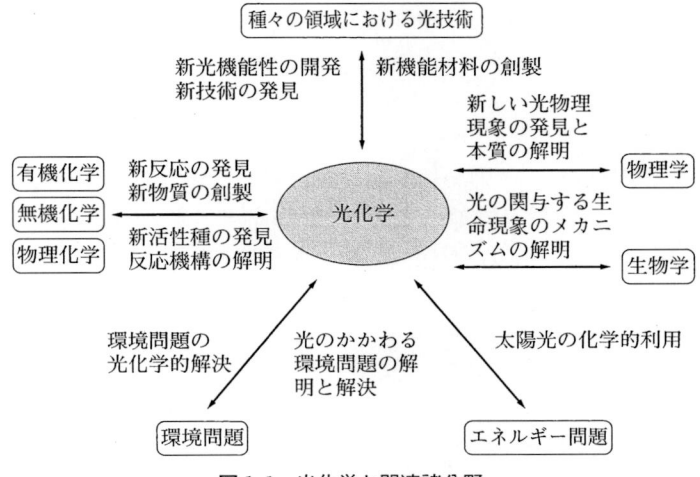

図 1.1　光化学と関連諸分野

表1.1と表紙見返しの図を見ると，自然現象では日常経験されること，技術でも身近なものが多いことに驚くとともに，光をうまく使うことが今後の技術の発展の鍵を握っていることもよくわかる．

光化学は総合的な学問分野であり，化学だけでなく広い学問領域と関連している．その関係は，物理学や生物学など基礎的な学問領域にとどまらず，応用分野に広くかかわっている．21世紀は光の世紀だといわれているが，光の応用は，電気・電子工学とか情報工学とかの枠を越えて大きく広いものになるだろう．人類や生物の将来を左右する環境問題・エネルギー問題の解決にも，光化学は重要な役を果さなければなるまい（図1.1）．

▶▶コラム ··· ◇◇◇◇ ◇

稲作のエネルギー効率

光合成は全ての生命を支えている．人口の爆発的増加は近い将来の食糧難を心配させる．その懸念の解明のために，食料生産のエネルギー効率を考察してみよう．具体的には，米の生産における太陽エネルギー利用の効率である．

太陽からのエネルギー量は，それを正面に受けたとき $1.37\,\mathrm{kJ\,s^{-1}\,m^{-2}}$ である．米の収量は良いところで1反（約 $1000\,\mathrm{m^2}$）あたり $600\,\mathrm{kg}$（10俵）．米の燃焼熱は $14900\,\mathrm{kJ\,kg^{-1}}$ なので，エネルギーに換算して $0.6\times15000=9\times10^3\,\mathrm{kJ\,m^{-2}\,year^{-1}}$ のエネルギーを化学エネルギーとして固定している．一方，$1\,\mathrm{m^2}$ の水田が1年間に受ける太陽光エネルギーは，1日の半分（12時間）が昼間だったとして $1.37\times365\times12\times60\times60=2.2\times10^7\,\mathrm{kJ\,m^{-2}\,year^{-1}}$ である．

この計算から，水田で米を作るときのエネルギー効率は約 4×10^{-4}（$=0.04\,\%$）であることがわかる．この低い効率は，稲はその一生の大部分を花や実のない草の状態で過ごし，実をつけてからも自身の生存のために多くのエネルギーを使う必要があるためだろう．したがって，農業生産のエネルギー効率を一桁，二桁上げる余地は十分にあり，食料問題の解決には希望がある．

さらに太陽光発電は，エネルギー問題の解決の切り札とも見られている．太陽全放射量 $1.37\,\mathrm{kJ\,s^{-1}\,m^{-2}}$ の光で，$1\,\mathrm{kW}$ 以上の電気を起せる可能性を示している．2011年の段階で効率は $30\,\%$ 近くに達しており，将来が期待される．

第2章　光反応と熱反応との鮮やかな対比

　光反応と熱反応との鮮やかな対比を実感できるのは，同じ反応系が光と熱とで正反対とも思える反応を起す場合であろう．誇張しすぎた言い方で恐縮だが，スローガン的に言えば

　　熱にできないことを光がする．光にできないことを熱がする

である．光反応と熱反応との違いは，次のようないろいろなレベルで現れる．
① 同じ基質を反応させても，起る反応の形式が光反応と熱反応とで全く異なってしまう場合．
② 光反応と熱反応で，同じ形式の反応が起るが，選択性が異なってしまう場合．
　ここで選択性の違いは
　　（a）位置選択性　　（b）立体選択性
　それに，少し熟さない言葉だが
　　（c）基質選択性　　（d）官能基選択性
　に現れる．

　以下，光反応と熱反応との対比を，反応機構の違いを考慮しながら，実例について見ていこう．

2.1 ● 光反応と熱反応との対比

2.1.1　反応の形式が異なる場合

　光反応と熱反応の鮮やかなコントラストは，アルデヒド・ケトン（カルボニル化合物）とアルコールとの反応に見られる．ベンゾフェノンとアルコールとを酸を触媒にして反応させると，>C=O にアルコールが付加して，ヘミケタールが生成する．これに対して，ベンゾフェノンを 2-プロパノール中で光（太陽光で十分）照射すると，ベンズピナコールが生成する．

熱反応

$$\text{ベンゾフェノン} + ROH \xrightarrow{H^+} \text{ヘミケタール}$$

光反応

2 ベンゾフェノン + CH₃-CH(OH)-CH₃ $\xrightarrow{h\nu}$ ベンズピナコール + CH₃COCH₃

熱反応であるヘミケタールの生成は，明らかにイオン反応であって，分極して正の電荷を帯びたカルボニル C へのアルコールの求核攻撃によって反応が進行する．

$$\begin{matrix} \searrow C=O \\ \updownarrow \\ \searrow \overset{\oplus}{C}-\overset{\ominus}{O} \end{matrix} + R\ddot{O}H \xrightarrow{H^\oplus} -\underset{\underset{R\ \ H}{\overset{\oplus}{O}}}{C}-OH \xrightarrow{-H^\oplus} -\underset{OR}{C}-OH$$

一方，光反応はラジカル反応であって，カルボニル基の O がラジカルとしての性格を持ち，アルコールから水素を引き抜くことによって反応が始まる．波長 λ の光を吸収した分子は $E = hc/\lambda$（c は光の速度，h は Planck 定数）のエネルギーを余分に持った**励起状態**（excited state）になるが，これがラジカル性を強く持つのである（くわしい解説は，3.3 節にある）．

2.1 光反応と熱反応との対比

励起状態を＊で表す

励起状態のケトンを模式的に表したもの．aの電子はO上の不対電子でラジカル性の原因となるもの．bの電子は共役π系に非局在化した不対電子を表す．

一般の化学の常識が光化学の領域で覆されるという例の一つが，ベンゼンの光反応性である．常識では，ベンゼンは二重結合を持ちながら大変安定で，共役系を維持しようとする性向が強い．ところが光が作用すると，ベンゼンは共役系を破壊するような反応を起こす．

Dewar ベンゼン

ベンズバレン

生成物[†]のうち Dewar ベンゼンは，さらに光で反応し，プリズマンになる．

プリズマン

事実だけ書いてくわしい解説はこのあとの章にというのが，第2章の叙述方針なのであるが，ここではそれを少し逸脱して，あとの章を先取りし，光と熱とで対照的な反応が起る原因の一つについて書いておこう．

熱反応が起る（電子的）基底状態と，分子が光を吸って活性化された（電子

[†] 生成物は不安定で，もとのベンゼンに戻ってしまうので，これらを分離し，取り出すことは難しい．

的) 励起状態とでは，結合状態が正反対になることが多い．"共鳴"の言葉を使ってベンゼンの場合を考えてみると，基底状態では，極限構造として Kekulé の構造が重要で，Dewar の構造はベンゼンの性格をきめるのにわずかな寄与しかしていない．これに対して，励起状態では，Dewar の構造が表に出て，Kekulé の構造の寄与が小さくなる．

Kekulé構造　　　　　　　　　　　Dewar構造

極限構造は実在のものではないが，その性格が反応を通して現実のものとなり，分離・同定できる化合物の生成へと導かれるのである．

極限構造　結合生成と分子の変形
　　　　　　生成物

酸素分子を用いる酸化（酸素酸化）でも，熱的な反応（ラジカルによる自動酸化）と光化学的に励起された酸素分子（**一重項酸素**）による反応とでは異なった反応が起ることが多い．反応は多様で，反応形式が異なるもの，選択性が異なるものといろいろあるが，反応形式の異なるものとしては，メチルナフタレンの反応があげられる．自動酸化では側鎖のメチル基が酸化されるが，一重項酸素が関与する反応では，O_2 が 1,4-付加してエンドペルオキシドが生成する．

自動酸化

一重項酸素酸化
（光増感酸素化）

エンドペルオキシド

2.1.2 反応の選択性が異なる場合

同じ形式の反応でありながら，光反応と熱反応とでは，反応の選択性が異なっている場合がある．以下にそれを見ていこう．反応形式ががらりと変ってしまう場合よりも，選択性の違いの方が，光反応の特質を実感できることが多いのではあるまいか．

(1) 光反応と熱反応とで位置選択性が異なる場合

まず，有機化学を学んだものなら誰でも知っている例から始めよう．トルエンと臭素との反応である．この反応を鉄粉を加えて（この鉄粉は臭素と反応して，Lewis酸である$FeBr_3$となり触媒として働く）熱的に反応させると，ベンゼン環に置換が起る．この反応では

$$Br_2 + FeBr_3 \longrightarrow Br^+ + [FeBr_4]^-$$

で生成するBr^+が反応を支配する．

一方，Br_2とトルエンとの混合物に光をあてて反応させると，側鎖のメチル基に置換が起る．この反応では

$$Br_2 \xrightarrow{h\nu} 2\,Br\cdot$$

で生じる臭素原子（ラジカル）が反応を支配する．

このように，光反応と熱反応とでは反応活性種が異なっていて，その結果，反応が異なるのである．

光反応と熱反応とで位置選択性に顕著な違いが出る例の一つに，ベンゼン環における求核置換反応がある．ベンゼン環は一般的には求電子置換反応が起り

やすいのだが，ニトロ基のような電子求引基がつくと，電子不足になって，求核置換反応が起るようになる．ベンゼン環に結合した―OCH_3 が OH^- によって置換される反応もその一例である．次の化合物では，光反応と熱反応とで置換反応の起る位置が異なる．

$$\text{(化学反応式：} \Delta(80℃)/OH^- \text{および } h\nu/OH^- \text{による置換反応)}$$

(⊿は加熱を表す)

すなわち，熱反応では，ニトロ基の電子求引性は p-位に発現して，p-位で求核置換が起るのに，光反応ではそれが m-位に発現している．この例は，有機化学の一般常識を覆すもので，光反応と熱反応の違いを印象づけるものであろう（ただし，m-位への電子効果の伝達は，光反応の全てに現れるのではなく，o-，p-位に現れる場合もあることを断っておこう）（解説は 4.4 節）．

酸素酸化においても，光反応と熱反応とで位置選択性が異なる場合がある．ともにヒドロペルオキシドが生成する場合だが，熱的な反応であるラジカル反応による自動酸化では，二重結合の隣りに OOH が入るのに，光反応による**一重項酸素**による反応では，二重結合のあった位置に OOH が入り，その代りに二重結合が移動する（解説は 7.8 節）．α-ピネンを例にして示そう．

$$\alpha\text{-ピネン} \xrightarrow{O_2, \text{ラジカル開始剤}} \text{(OOH 生成物)}$$
$$\xrightarrow{h\nu, O_2, \text{増感剤（メチレンブルー）}} \text{(>99\% OOH 生成物)} + \text{(<1\% OOH 生成物)}$$

(2) 光反応と熱反応とで立体選択性が異なる場合

光反応と熱反応との対比は反応の立体選択性にも現れる．第一の例は，アルケンやアゾ化合物の *cis-trans* 異性化 (E-Z 異性化) である．

鎖式のアルケンでは一般に *trans* 形 (E 形) が *cis* 形 (Z 形) より安定であるが，環式化合物では *cis* 形の方が安定になる．われわれが馴染んでいる環式アルケンはほとんどが *cis* 形である．ところが，光の助けを借りると，環式 *trans*-アルケンを作り出すことができる．その例はシクロオクテンの異性化である．

cis 形シクロオクテンに安息香酸エステルを増感剤[†]として光照射すると，歪 (ひずみ) の大きい *trans* 形が生成する．このような高い歪を持つ化合物を作り出せるのも，光の持つ高いエネルギー ($E = h\nu$) のためである (解説は 4.3 節)．

(3) 光反応と熱反応とで基質選択性が異なる場合

基質選択性とは，あまり使われない言葉だが，ここでは

> 同じ形式の反応でも，基質の構造の違いによって反応が起ったり，起らなくなったりする現象

を指すことにする．

代表例は，アルケンと共役ポリエンとの付加環化である．**付加環化**とは，二つの基質がそれぞれ両端で結合し，いっぺんに環を作ってしまう反応で

[†] 増感剤は光反応の触媒である．まず増感剤が光を吸収して活性化され，そのエネルギーが基質に与えられて，基質が反応する (第 6 章参照)．

点線のように結合ができ，環が生成する．この付加環化は，アルケン，共役ポリエンで起る．熱反応の場合には，共役ジエンとアルケンとの間で起り，これは Diels-Alder 反応[†]として誰でも知っている反応で，合成化学で広く利用されている．一方，これより単純なアルケンとアルケンとの付加環化は熱反応では起らないが，光反応では容易に起る．2 分子のアルケンから 4 員環のシクロブタンが生成する反応は光反応の専売特許で応用も広い．

熱反応（Diels-Alder 反応）	光反応
反応形式	反応形式
例	例

熱的に環化が起るのは，反応系全体の π 電子数が 6（一般には $4n+2$）個の場合，光のそれは $4(4n)$ の場合であって，共役環の芳香族性の問題とも重なっている（解説は 4.4 節）．

遷移金属錯体の反応の中では，**配位子の解離**（と，その結果としての配位子の交換）が金属錯体の変換・合成に重要な意味を持っている．この反応においても，光と熱とで対照的な反応を起すことがある．アンモニアとチオシアン酸イオンの配位した次のクロム錯体では，熱反応では SCN^- の解離が，光反応

[†] 熱反応と書いたが，実際，Diels-Alder 反応は熱を発生してはげしく反応する．冷却が必要なほどである．

では主として NH_3 の解離が起こる†.

$$[Cr(NH_3)_5(SCN)]^{2+} \xrightarrow[h\nu]{\Delta} \begin{array}{l} [Cr(NH_3)_5]^{3+} + SCN^- \\ [Cr(NH_3)_4(SCN)]^{2+} + NH_3 \end{array}$$

光で配位子を解離させ反応活性な配位不飽和種を作り出すことは，新しい錯体の合成だけでなく，光触媒としての可能性を開くものであり，今後さらに重要になっていくであろう．

---

† 正確には，光反応では NH_3 の解離と SCN^- の解離が同時に起る．両反応の割合は照射光の波長に依存する． NH_3 の解離/SCN^- の解離は，373 nm 光で 15.3，492 nm 光で 22.1，652 nm 光で 8.2 である．

▷▷コラム ･･････････････････････････････････ ❖∘◇∘❖∘◇∘❖ ◇ ◆

光化学第二法則と Einstein, Stark

光化学の理論的基礎づけは，光化学第二法則によって固まったといえるだろう．この法則は，欧米ではしばしば Einstein とともに Stark の名も冠される．Einstein の光電効果の理論（1905 年）に触発され，Stark が「バンドスペクトルにおける熱的および化学的（光）吸収についての考察」と題する論文を出したのが 1908 年であるが，Einstein はこれを無視して 1912 年に"光化学当量則の熱力学的導出"という論文を Annalen der Physik に載せた．

Einstein は，熱力学的方法によって Wien の放射則と光化学当量則を導き出すというまわりくどい道をたどっているのに対し，Stark は Einstein の光電効果の論文を引用しつつ，「化学的な光吸収による初期光化学反応によって単位時間内に変換される物質の量は，作用する光の強度に比例する」と結論づけた．現代の光科学者にとって，Einstein より Stark の方がはるかに直截で理解しやすい．

優先権についての Stark の当然の抗議に対して Einstein は，Stark の結論は量子仮説（光電効果の理論）からの自然な演繹にすぎず，さらに光化学当量則は量子仮説を用いないで導出できることが重要なのだと反論している．

Stark はのちにナチスの協力者として敏腕をふるうことになるが，ナチスの迫害を受ける側になった Einstein と以上のようなあつれきがあったことを偶然といってしまってよいであろうか．

◆ ◇ ❖ ∘ ◇ ∘ ❖ ∘ ◇ ∘ ･･････････････････････････････････ ❖❖❖

第3章 励起状態

化学反応が起るためには，何らかの方法で活性化された分子の存在が必要である．一般の（熱）反応は分子の振動，回転，並進の活性化によって起る．光による活性化は，分子の中でエネルギーの低い軌道をまわっていた電子が，光のエネルギーを受けてエネルギーの高い（電子の詰っていなかった）空軌道にたたき上げられることによって起る〔この現象を**励起** (excitation) という〕．このようにしてできる**励起状態**〔excited state．正確には**電子的励起状態** (electronically excited state)〕は，安定な**基底状態** (ground state) より $E = h\nu$ (ν：吸収された光の振動数，h：Planck 定数）だけ大きなエネルギーを持ち，反応性もそれだけ高いことになる[†]．また，電子の分布は軌道によって異なるので，励起状態の性格（電子分布）には電子がどの軌道からどの軌道に移ったかによって違いが生ずる．

光反応を理解し，使いこなしていくためには励起状態について理解を持つことが必要である．励起状態の性格を決定するものは，次のような因子である．

① 励起状態の持つエネルギー
② 励起状態の電子分布
③ 励起状態での電子軌道の位相
④ 励起状態の多重度
⑤ 励起状態の寿命

本章では，これらについて学んでいこう．

3.1 ● 光

本書で扱う光化学反応の原因となる光は，主として紫外線と可視光線であって，図3.1に示すように広い波長（周波数，振動数）領域を持つ電磁波のごく一部で，波長 200 nm から 700 nm のものである．

[†] 振動，回転の励起についても同じことがいえるが，電子励起のエネルギーは振動，回転のエネルギーにくらべ桁違いに大きい．

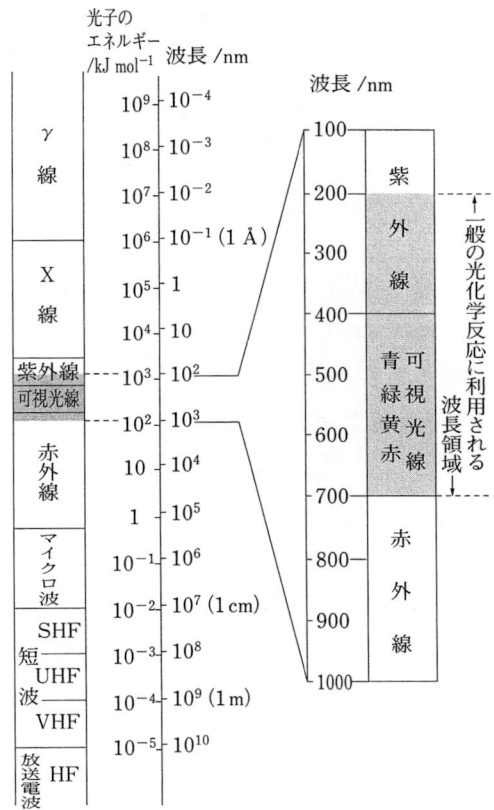

図 3.1 電磁波の名称，波長領域および光子のエネルギー

　光は波の性質とともに，粒子としての性質も持っており，その粒子の一つ一つは $E = h\nu$ (h は Planck 定数，ν は光の振動数) のエネルギーを持つ[†]．紫色の波長 420 nm の光 1 mol は 285 kJ，光反応によく用いられる水銀の輝線 (殺菌灯の光でもある) 254 nm の光は 471 kJ のエネルギーを持っている．Cl–Cl，C–C の結合エネルギーがそれぞれ 240, 350 kJ mol^{-1} であり，一般の化学反応を起すのに必要な活性化エネルギーが 100 kJ mol^{-1} 程度であることを考え

[†] 粒子としての側面を強調する場合，特に**光子**という語を用いる．粒子は数えられるので，原子と同じように mol を単位にして量を表せる．

ると，紫外線や可視光線のエネルギーは大きく，様々な化学反応をひき起すことが理解されよう．赤外線やマイクロ波・ラジオ波はエネルギーが小さく化学反応を起すには力不足であり，一方，X線，γ線は強力な反応開始力を持つ．放射線障害が問題になるのはこのためである．

3.2 光の吸収

大きなエネルギーを持つ光も物質（分子）に吸収されなければ反応に結びつかない．**光の吸収**は，低いエネルギーの軌道をまわっていた電子が，空の高いエネルギーの軌道にたたき上げられる（すなわち励起される）ことによって起る．この二つの軌道のエネルギー差に相当する波長の光だけが分子によって吸収される．

しかし，軌道のエネルギー差と光のエネルギーが合致すれば必ず光吸収が起るかというとそうでもなくて，遷移に関係する二つの軌道の性格によって光の吸収能力が異なる（3.5節参照）．物質の光学的性質の一つに**モル吸光係数**（molar absorption coefficient．または molar extinction coefficient）があるが，これは分子内の電子と光の相互作用の大きさをマクロな物質レベルで表したものである．

いま，ある波長の単色光の強度（単位断面積あたりの光子の数）が I_0 であっ

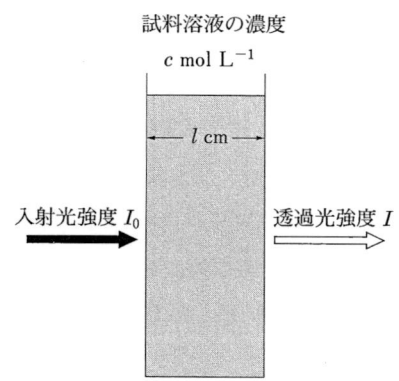

図3.2 モル吸光係数の考え方

たとする．この光がある物質の c mol L^{-1} の濃度の溶液の中を l cm 通過したとき，その強度が I に減少したとしよう（**図 3.2**）．

このとき，一般に次の式が成り立つ（**Lambert-Beer の法則**）．

$$\log \frac{I_0}{I} = c\varepsilon l$$

対数の底には 10 を用いる．ここで ε はモル吸光係数と呼ばれる物理量である．以上のことからわかるように，モル吸光係数は物質によって異なるのはもちろん，光の波長によっても異なる．したがって，モル吸光係数を問題にするときは光の波長を指定しておかなければならない．

一般の有機化合物の紫外・可視領域でのモル吸光係数は，10000〜10 L mol^{-1} cm^{-1}[†] 程度である．モル吸光係数が 10000 L mol^{-1} cm^{-1} であると，1 cm の液層を通過したとき 90 ％の光が吸収される（すなわち $I_0/I = 10$）ために必要な溶質の濃度は，$\log(I_0/I) = 1 = c \times 10000$ L mol^{-1}cm^{-1} $\times$ 1 cm から求められた 1/10000 mol L^{-1} である．分子量 100 のものなら濃度はわずか 10 mg L^{-1} である．ごく少量の色素を溶かしただけで水がきれいに色づく（光が吸収された結果）ことは，日常よく経験するところである．

光の吸収に関して注意しなければならないことの一つは，溶液の中（純物質でも同じ）を光が通過していくとき，どの層にどれくらいの光が来，その層でどれだけの光が吸収されるかということである．

Lambert の法則によると，光の強度は溶液の中を通過するに従って指数関数的に低下する（**図 3.3**）．したがって，光源に近い側と，遠い側では，光強度に大きな違いが生まれる．溶液の濃度が高いと光強度の低下は急激で，図 3.3 の d のように，光源側の器壁にごく近いところで全ての光が吸収されてしまい，残りの部分には光が到達しない．このことは，光反応を実行する場合，常に注意していなければならないことである．このようなことが起るので，光反応での活性種の分布は本質的に不均一になってしまう．はなはだしい場合には，光源側のごく薄い層だけで反応が起ってしまい，それが樹脂状の汚い生成

[†] L はリットル．L は SI で単位として認められたが，l でなく L と書かなければならない．

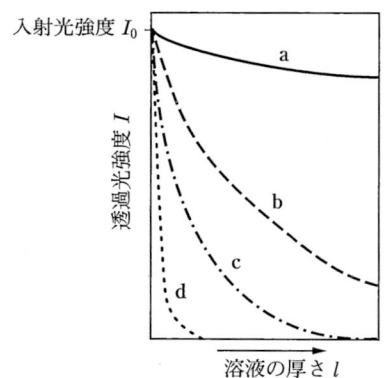

図3.3 Lambertの法則

物を作り出して，本来観察されるべき反応を覆いかくしてしまったりする．

逆に溶液がうすすぎると，大部分の光が吸収されることなく通過してしまい，光の利用効率が悪くなる．

溶液内での光強度の不均一性は，特に反応速度の解析のとき問題となる．光反応を仕事とする場合，合成的な仕事の場合にも，反応機構の解明を目的とする場合にも，溶液中で光がどのように分布しているかを考慮する必要がある．

3.3 励起状態の性格と電子分布

光化学的な活性種，すなわち電子的励起状態は，エネルギーの低い軌道の電子1個がエネルギーの高い空軌道に移った状態であるから，抜けた電子が存在していた軌道の性格が一部（全部でないのは未だ電子1個が残っているため）失われ，新たに，電子1個を得た軌道の性格が発現してくることになる．軌道の性格は，電子がどの原子のところに滞留しやすいか（電子の存在確率）によって，さらには軌道の位相によってきめられる．分子は数多くの電子の詰った軌道〔**被占軌道** (occupied orbital)〕と，電子の詰っていない軌道〔**空軌道** (unoccupied orbital)〕を持っているので，どの被占軌道の電子がどの空軌道にたたき上げられたかによって，エネルギーや電子分布の異なる多種類の励起状態ができる．この状況をホルムアルデヒドについて説明しよう（図3.4〜3.6）．

3.3 励起状態の性格と電子分布　　19

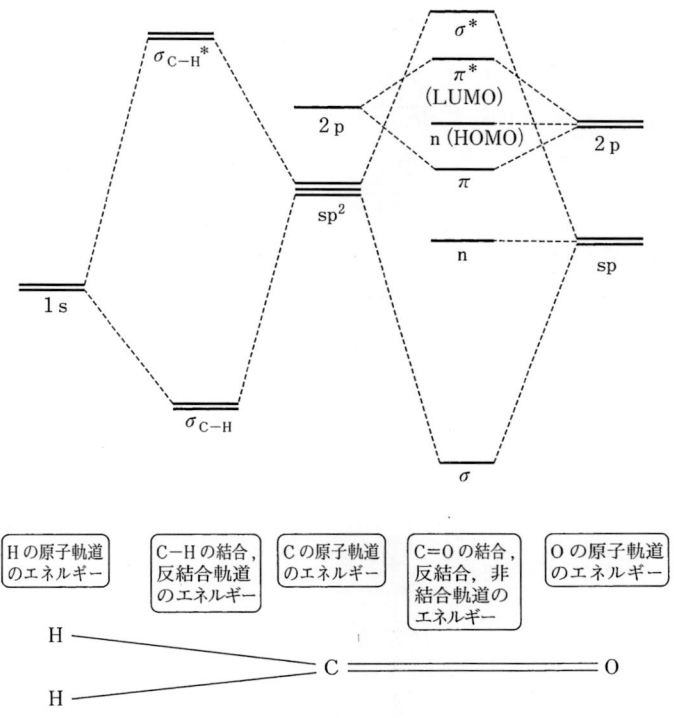

図 3.4　ホルムアルデヒド $H_2C=O$ における軌道の相互作用

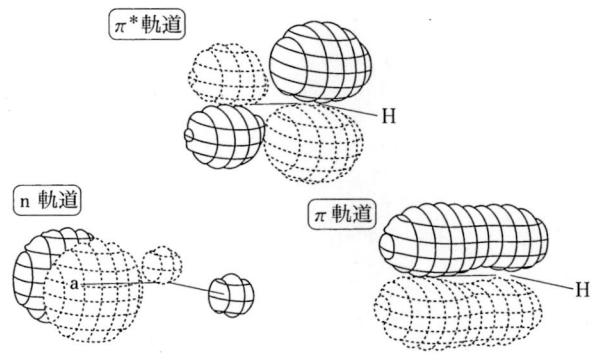

図 3.5　ホルムアルデヒドの π, n (HOMO), π^* (LUMO) 軌道の形〔W. L. Jorgensen, L. Salem：The Organic Chemist's Book of Orbitals, p. 84, Academic Press (1973)〕

第3章 励起状態

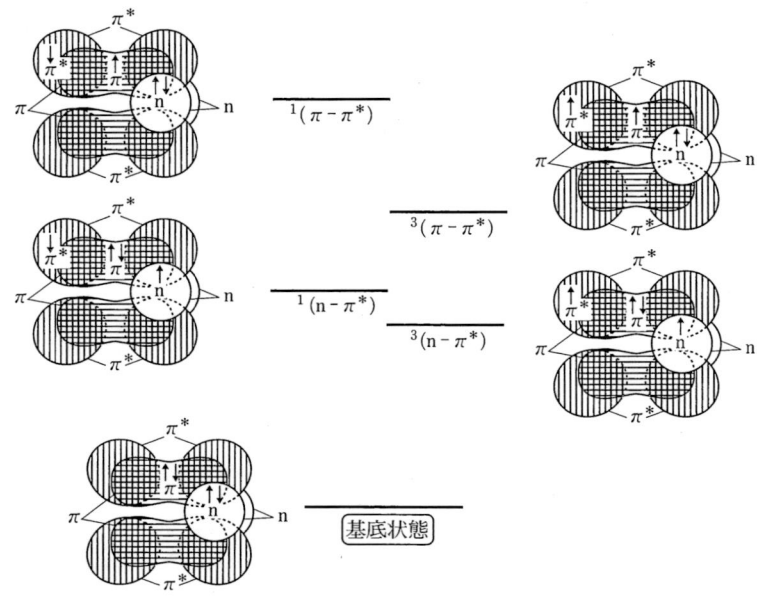

図3.6 ＞C=O の励起状態の電子配置とエネルギー

ホルムアルデヒドのOのsp軌道（2s, 2pの混成軌道）の一つはCのsp²軌道の一つと相互作用し，σ結合のもとになるエネルギーの低いσ軌道と，反結合性のエネルギーの高いσ*軌道とを作り出す．Oの一つの2p軌道はCの2p軌道と混り合ってπとπ*軌道を産み出す[†]．Oの残りのsp軌道と2p軌

[†] σ結合：結合にあずかる二つの原子の一方を固定し，他方を結合軸の周りに回転したとき，共有結合生成の原因となる電子を収容した原子軌道の重なり方が変化しないもの．このような結合を作る軌道がσ軌道である．
π結合：上の操作（結合軸の周りの回転）を行ったとき軌道の重なりに変化を生ずる結合．軌道の重なりを保つため結合軸の周りでの回転を制限する．σ結合にくらべ軌道の重なりが小さいので結合は弱い．

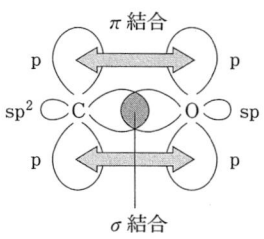

ホルムアルデヒドのC=O結合は1個のσ結合と1個のπ結合からできる．σ結合はCのsp²軌道とOのsp軌道の一つとで，π結合は，C, Oのp軌道で作られる．
結合性のσ, π軌道が生成されると同時に，エネルギーの高い反結合性のσ*, π*軌道が生じるが，結合生成の際に，電子はσまたはπ軌道に収納され，σ*, π*軌道は空のまま残される．

道にはそれぞれ 2 個の電子が詰っていて，隣の C の軌道と混り合うこともほとんどなく（したがって，安定化も不安定化も起らず）もとのまま残る．この軌道が，**n 軌道〔非結合性軌道**（non-bonding orbital）〕と呼ばれるものである[†1]．ホルムアルデヒドには，C の sp^2 混成軌道と H の s 軌道とを使った C–H 結合のもとになる σ_{C-H} と σ_{C-H}^* 軌道もある．

基底状態で電子の詰っている軌道は，$\sigma_{C-H}, \sigma, \pi,$ n 軌道と，図 3.4 には描かれていないが，C と O の 1s 軌道である．空軌道は $\pi^*, \sigma^*, \sigma_{C-H}^*$ である．励起による電子の遷移は被占軌道と空軌道との組合せの全てについて起り得る（ただし，遷移の起りやすさには違いがあり，これが 3.2 節で述べたモル吸光係数の大小になって現れる．くわしいことについては 3.5 節参照）．その中で，光化学で重要な役割を演ずるのは被占軌道では n と π，空軌道では π^* である（σ, σ_{C-H}, C および O の 1s はエネルギーが低すぎ，一方，σ^*, σ_{C-H}^* はエネルギーが高すぎるために，通常われわれが用いる 200 nm 以上の波長の光では影響を受けないことが多い）．

ホルムアルデヒドについて計算で求められた $\pi,$ n, π^* 軌道の形を図 3.5 に示した．この図で実線，破線は波動関数の位相[†2]が違うことを表している．これらを頭において図 3.6 を見ていただこう．

n–π^* 励起状態は n 軌道の電子 1 個が π^* 軌道に移った状態である．これは O に局在していた電子が C–O の方に（むしろ C に偏って）移動することを意味する．基底状態では $>C=O$ の π 電子は，O の大きな電気陰性度のために O に引きつけられ $>C^{\oplus}-O^{\ominus}$ の性格が強いが，n–π^* 励起状態の電子の動きはこれと逆方向である．また n 軌道に残る電子 1 個は孤立しており，−O・ラジカルの性格を持っている．この，n–π^* 状態の性質が第 4 章で述べるケトン–アル

[†1] O の sp 軌道のうち σ 結合に使われなかった軌道には 2 個の電子が入っており，これも n 軌道である．

[†2] 本書では，位相という言葉をいくつか違った意味で用いている．ここで位相といっているのは波動関数の符号のことで，同じ符号の波動関数が隣り合うとき "位相が一致する" と表現している．波動関数の符号は相対的なものなので，＋，− と絶対化せず，位相の一致，不一致という表現にした．「15.3 節 レーザー」の解説の中にある "位相の一致" は，電磁波の振動が同期していることを意味する．

デヒドの光反応の特性を生むことになる．π軌道の電子がπ^*軌道に移されて生じたπ-π^***状態**では不対電子の局在化がなく，ラジカル性が小さい．

ここではケトン-アルデヒドについて解説したが，>C=N-についても，n-π^*，π-π^*励起状態が考えられる．アルケン，アルキン，芳香族炭化水素などでは非共有電子対がないので，n-π^*状態は存在しない．共役ポリエン，芳香族炭化水素では，πやπ^*軌道がそれぞれ複数存在するので，性格の異なるπ-π^*状態がいくつも存在することになる．

3.4 励起状態の多重度

励起状態を考える上で，一重項，三重項の区別も重要である．励起状態は二つの軌道に1個ずつの不対電子を持つが，2個の不対電子のスピンの方向が同じ状態が**三重項状態**（Tと表す），二つのスピンの方向が逆の状態が**一重項状態**（Sと表す）である†．n-π^*，π-π^*などのそれぞれについて一重項状態，三重項状態があり，^{1}(n-π^*), ^{3}(n-π^*), ^{1}(π-π^*), ^{3}(π-π^*) などと書かれる（図3.6参照）．

一般に，三重項状態は対応する一重項状態よりエネルギーが低い．一重項状態では2個の電子が同じ性格の軌道に入るため反発が大きいのに対し，三重項状態では2個の電子が入る軌道に性格の違いがあり，2電子間の反発が小さいためである．

---

† スピン関数をα, βとし，2個の電子を1, 2で表すと，2個のスピン状態の組合せは，電子の入れかえに対して不変な3種と，電子の入れかえによって符号の変る1種に分類される．前者が三重項状態であり，同じ性格の状態が三つ縮重（縮退ともいう）していることを名前が表している．
 一重項状態 $\alpha(1)\beta(2) - \alpha(2)\beta(1)$
 三重項状態 $\alpha(1)\beta(2) + \alpha(2)\beta(1)$
      $\alpha(1)\alpha(2)$
      $\beta(1)\beta(2)$

本文から得られるイメージでは，一重項状態に対し$\alpha(1)\beta(2)$の波動関数が対応しそうに思えるが，この式は電子1, 2の入れかえで，もとと同じ式にも符号を変えただけの式にもならないので波動関数の資格に欠ける．この条件を満たすものとして $\alpha(1)\beta(2) \pm \alpha(2)\beta(1)$ が考えられたのである．

3.5 励起の起こりやすさ —遷移確率—

　エネルギーの低い軌道からエネルギーの高い軌道への電子の遷移は，照射された光のエネルギー（したがって光の波長）が二つの軌道のエネルギー差に等しければ必ず起るかというと，そうもいかない事情がある．

　電子軌道が波動方程式を解いて求められるように，電子がある軌道から他の軌道に乗り移るときの容易さも量子力学的な現象である．光吸収・発光[†]過程の根本的理解には量子力学の素養が必要である．しかし，ここではその結果だけを視覚的に記述しよう．

　励起される電子が存在していた軌道の波動関数を Ψ_m，移っていく先の軌道の波動関数を Ψ_n とする．ある瞬間に電子の存在する位置を r，電子の電荷を e とすると，電子が Ψ_m から Ψ_n へ移る容易さ（**遷移確率**）P は

$$P \propto \left| \int \Psi_m e r \Psi_n d\tau \right|^2 \tag{3.1}$$

と書ける．ここで τ は空間座標である．すなわち，P は er に Ψ_m，Ψ_n を作用させたものを全空間に関して積分した絶対値の2乗に比例する．一般に問題になるのは，P の絶対値よりも P が 0 であるかどうかである．$P = 0$ であると，m という状態から n という状態への遷移は起らず（**遷移が禁制であるという**），m 状態，n 状態のエネルギー差に相当する光が来ても，分子はそれを吸収できないということになる．$P \neq 0$ なら，適当な波長の光が来れば，分子はそれを捕えることができる．

　ところで，Ψ は原子核の振動の波動関数 θ と電子の波動関数 Φ との積，さらに Φ は電子の空間軌道関数 φ とスピン関数 s の積と考えてよく

$$\Psi = \theta \cdot \varphi \cdot s$$

となる．また，er は空間座標についてだけ作用するので

$$P \propto \left| \int \theta_m \theta_n d\tau_N \cdot \int \varphi_m e r \varphi_n d\tau_e \cdot \int s_m s_n d\tau_s \right|^2 \tag{3.2}$$

となる．三つの積分はそれぞれ原子核の振動，電子の存在する全空間，スピン空間について行うものとする．

[†] 発光過程は光吸収の過程の逆過程であり，同じ理論によって説明される．

ここで

$$\int \theta_m \theta_n d\tau_\mathrm{N}, \quad \int \varphi_m e r \varphi_n d\tau_\mathrm{e}, \quad \int s_m s_n d\tau_\mathrm{s}$$

のどれか一つでも 0 であると $P=0$ で禁制になる．つまり光吸収を考察することは，この三つの積分がどういう場合に 0 になり，どういう場合に 0 にならないかを判定することに帰着する．

以下で，各々の波動関数の積分について見ていこう．

① スピン波動関数 s に関して

一重項状態と三重項状態とは全く重なり合いのない（直交した）性格の異なった状態であって

$$\int s_{(一重項)} s_{(三重項)} d\tau_\mathrm{s}$$

は 0 になる．これに対し，一重項と一重項との組合せ，三重項と三重項の組合せにおいては積分値は 0 にならない．すなわち，同じ多重度間の**遷移は許容**であり，異なる多重度間の遷移は禁制である．

一般の有機分子では，安定な基底状態が一重項であるから，励起一重項への遷移は許されるが，三重項へ直接移る過程は禁制で，原則的には起らない．

② 電子の空間波動関数 φ に関して

次に

$$\int \varphi_m e r \varphi_n d\tau_\mathrm{e}$$

について考察する．カルボニル化合物の π-π*，n-π* 励起状態をとり上げる．

まず，π-π* について考えよう．**図 3.7** は考え方を模式的に表したものである．π と π* の φ は (a)，(b) のような分布と符号を持っている（図 3.5 および 3.6 参照）．まず φ_π と φ_{π^*} をかけ合せる．xy 平面，yz 平面で区切られた四つの領域の $\varphi_\pi \varphi_{\pi^*}$ の符号は (c) に示したようになる（ここでは，各領域で $\varphi_\pi \varphi_{\pi^*}$ の符号がどうなっているかだけに注目し，関数の形や絶対値は無視している）．

次に，$\varphi_\pi \varphi_{\pi^*}$ に位置ベクトル r を作用させるのだが，r を x, y, z 成分に分解して考察する．まず x を作用させることを考えよう．$x>0$ の領域では $\varphi_\pi \varphi_{\pi^*}$

3.5 励起の起こりやすさ —遷移確率—

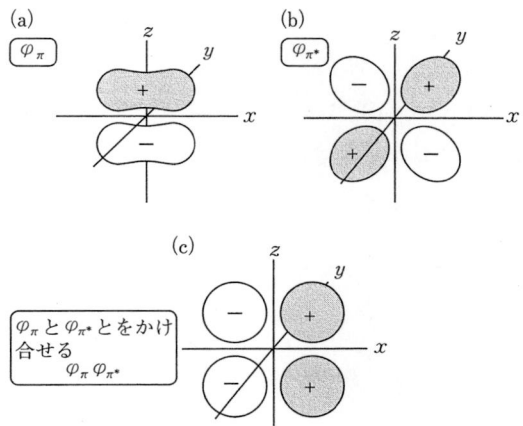

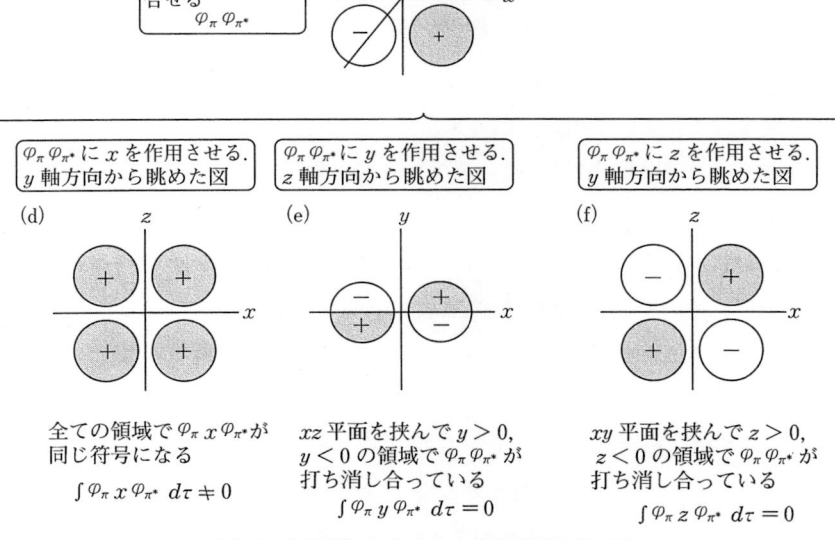

図 3.7 励起状態のなりやすさを考える模式図

に x をかけても符号は変らないが，$x<0$ の領域では符号が逆転する．したがって図 3.7 の (d) のように $\varphi_\pi x \varphi_{\pi^*}$ は全て同じ符号（この場合正）になる（関数の符号だけを模式的に表現していることは前述の通り）．ゆえに

$$\int \varphi_\pi x \varphi_{\pi^*} d\tau \neq 0$$

である．ところが y, z を作用させた場合には積分は 0 になってしまう．

y を作用させた場合を考えよう．図 3.7 の (e) は，$\varphi_\pi y \varphi_{\pi^*}$ が空間内でどのよ

うになるかを模式的に表したものである．この図は z 軸の方向から xy 平面に投影した形で観察したもので，一つの団子の下にもう一つの団子が重なっているように見ていただきたい．団子は x, y 軸を含む平面で切断されており，y が正の領域と負の領域で符号が変っている．すなわち $\varphi_\pi y \varphi_{\pi^*}$ は xz 平面を挟んで打ち消し合っており，全空間での積分

$$\int \varphi_\pi y \varphi_{\pi^*} d\tau$$

は 0 となる．また，図の (f) から，

$$\int \varphi_\pi z \varphi_{\pi^*} d\tau = 0$$

であることは明らかであろう．

以上をまとめると，x 軸方向から来た光に対して，分子は敏感に対応して，光エネルギーを吸収し励起を受ける $\left(\int \varphi_\pi x \varphi_{\pi^*} d\tau \neq 0\right)$ が，y, z 軸方向からの光には無関心で，光を素通りさせてしまう（積分が 0 になる）ことが結論される．われわれが通常取り扱うのは溶液系であり，その中の分子はいろいろな方向を向いているので"平均的な"光吸収が観測されることになる．しかし，分子の配列のそろった結晶を用いると，光の入射方向による吸収の相違を見ることができる（液晶ディスプレイも分子のこの性質を利用している）．

さて π-π^* についての考察が長くなったが，次に n-π^* について考えてみよう．こちらは簡単である．O の非共有電子対の入った n 軌道（結合軸を x 方向とすると $2p_y$ 軌道）は π^* 軌道と直交しており重なり合いがない．したがって

$$\int \varphi_\pi e r \varphi_{\pi^*} d\tau$$

は 0 になってしまう．これは n-π^* 遷移が禁制であることを意味する．実際にもケトン・アルデヒドの n-π^* 吸収は小さなモル吸光係数しか持たない（シクロヘキサン中で CH_3COCH_3 の n-π^* 吸収は 279 nm にあり，モル吸光係数 ε は 13 L mol^{-1} cm^{-1} である）．

③ 振動の波動関数 θ に関して

最後に，振動の重なり積分

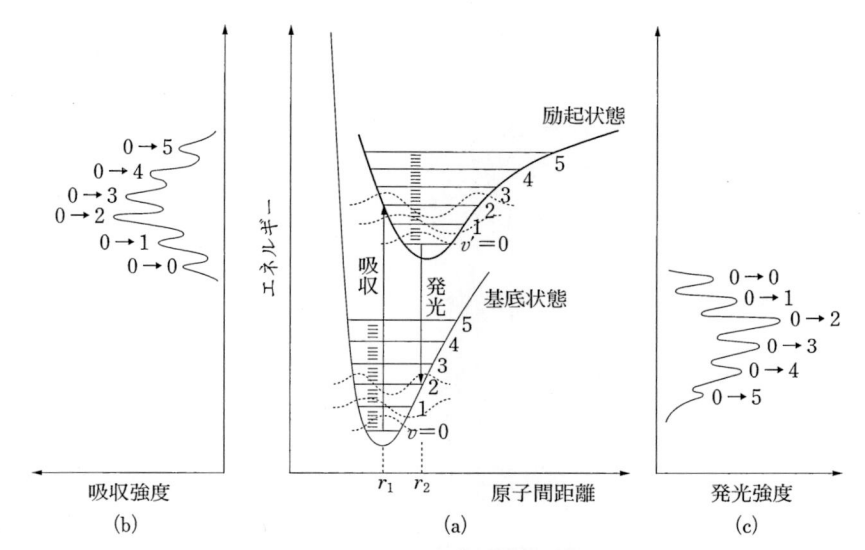

3.5 励起の起こりやすさ —遷移確率—

図 3.8 仮想的な二原子分子における (a) 基底状態と励起状態のポテンシャルエネルギー曲線 上向きの矢印は吸収の 0→2 遷移, 下向きの矢印は発光の 0→2 遷移を示す.
(b) 吸収スペクトル, (c) 発光スペクトル.

$$\int \theta_m \theta_n \, d\tau_\mathrm{N}$$

について考えてみよう. 簡単のため, 調和振動をしている二原子分子を考える. この系では, 基底状態, 励起状態の振動の波動関数は**図 3.8**のようになる(14.3 節「フォトルミネッセンス」参照). 分子では振動も量子化されていて, 振動の量子数 v(電子的基底状態において), v'(電子的励起状態において)で規定されるとびとびの状態しか許されていない. $v=0$, $v'=0$ の波動関数は分子の中心で大きな値を持ち, $v=1$, $v'=1$ の波動関数は分子の両端で大きな値を持つ. (電子的)基底状態では, よほど温度が高いときを除くと分子は $v=0$ の状態にある. したがって光励起を考えるときは, 出発点の波動関数は θ_0(図の r_1) であると考えてよい.

さて, 遷移が起こる場合は, 基底状態と励起状態の振動波動関数 θ(図の点線)の重なり合いが大きいことが必要である. 図 3.8 を見ていただきたい. 基

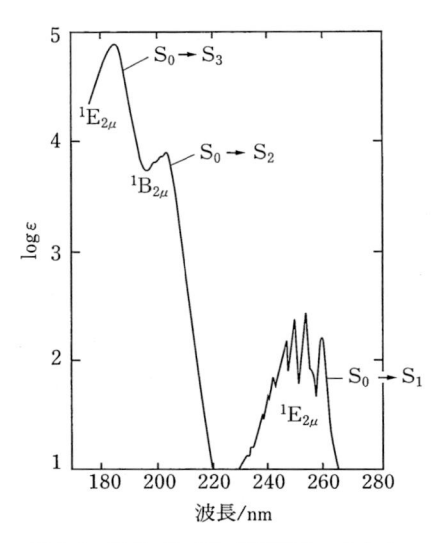

図 3.9 気体ベンゼンの吸収スペクトル

底状態で原子間距離 r_1 から励起が起こる場合，r_1 から立てた垂直線に交わる励起状態の振動波動関数が 0 でないとき，その遷移が許容であることになる．図 3.8 の場合には，$v=0$ から $v'=0$ への遷移確率は小さく，$v=0$ から $v'=2$ への遷移確率は大きいことになる．v' が 2 より大きい状態でも，$v=0$ の波動関数と重なりが大きいものもある．さらに，多原子分子では振動状態も多くなるので，重なりの大きい $\theta_m \theta_n$ の組合せも数多くある．それゆえ，一般の分子の励起スペクトルは，単一波長の 1 本の吸収線ではなく，振動エネルギー分の間隔を持ついくつかの吸収線の集りになる〔これを**振電スペクトル**(vibronic spectrum) という〕[†]．図 3.9 は気体のベンゼンの吸収スペクトルを示したものである．吸収線の間隔は，励起状態でのベンゼン環の骨格振動に基づく 923 cm^{-1} である．液相，固相では近接の分子との相互作用でエネルギー準位が変化する．その変化が一様でないため，スペクトルは広がって連続した山状のものになってしまう．液相での吸収スペクトルは，一般になだらかな山の形をした**帯スペクトル** (band spectrum) である．

[†] 原子では振動がないので，1 本のシャープな吸収線になる．

3.6 ● 励起分子がエネルギーを消費する過程

励起された分子は，1 mol あたり数十～数百 kJ の大きなエネルギーを持ち，不安定である．このエネルギーを何らかの形で消費する必要があるが，その方法は大きく分けて，① 光の形で放出する，② 熱の形で放出する，③ 化学反応や電子の放出（外部光電効果），伝導帯における自由電子（光電子）の生成，の

表 3.1 励起分子がエネルギーを消費する過程

発光過程	同じ多重度の低いエネルギー状態へ移るときの発光（蛍光）
	異なった多重度の低いエネルギー状態へ移るときの発光（りん光）
無放射過程	同じ多重度の低いエネルギー状態へ熱を発生して移る過程（内部変換）
	異なる多重度の状態へ移る過程（項間交差）
	励起錯体の生成
	反応，電子の放出，自由電子の生成

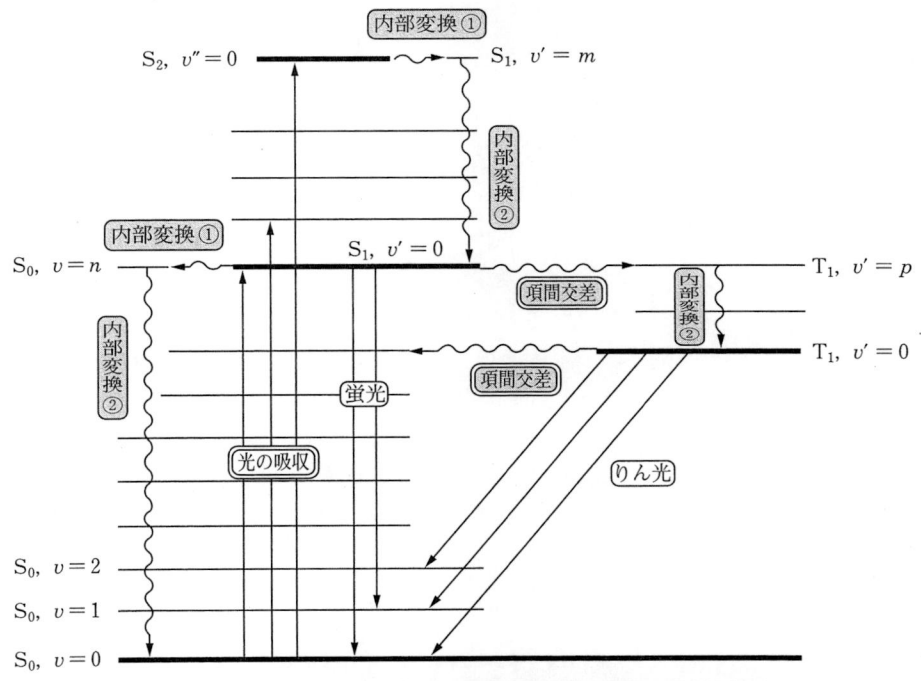

図 3.10 Jablonski 図．励起状態の生成と励起状態の起す過程の模式図
太線は電子状態，細線は振動状態を表す．矢印は光の吸収，放出の過程，波線は無放射過程を表す．

三つに分けられる．これらを機構まで考えに入れて分類したものが**表 3.1** であり，エネルギー準位とその間の遷移（①，② の過程）を表したものが**図 3.10** の Jablonski 図である．

(1) 蛍光とりん光；発光過程（自然放出と誘導放出）

励起分子が光の形でエネルギーを放出する場合，その機構として二つの面からの見方が必要である．

一つは，光の放出が自然な（spontaneous）ものか，レーザー光のように光の刺激によって強制的に誘導され（induced）いちどきに起るものなのかの区別．もう一つは，遷移に関係する励起状態と基底状態との多重度が一致している（**蛍光**）か，一致していない（**りん光**）かの区別である．

励起分子は，エネルギーを放出して早く安定な基底状態に戻ろうとする性向を持つ．しかし，特別な環境（具体的にはレーザー発振の条件下）にない限り，励起分子はその分子の持つ確率に従って，いちどきにではなく，順次にエネルギーを放出して基底状態に戻る．これが**自然放出**である．その速度は（励起分子と相互作用する他の分子がなければ），励起分子について 1 次である．励起分子を M^* で表すと

$$-\frac{d[M^*]}{dt} = k[M^*]$$

したがって，励起分子からの発光の強度は指数関数的に減少する．

一般の分子では，励起状態の寿命が $10^{-10} \sim 10^{-3}$ s と短いので，発光の減衰を目で見て知ることは難しいが，家庭にある蛍光体（例えば蛍光灯のスイッチのヒモについている"光る"タマ）を，灯りを消した直後観察していると減衰の様子がよくわかる．これら"蛍光体"には励起状態の寿命の長い材料が使われている．ここでは"蛍光体"と呼んだが，後述するように寿命の長い発光は蛍光ではなくりん光である場合が多い．

この反応の速度定数 k は，光の吸収の場合と同じく

$$\left| \int \theta_m \theta_n d\tau_N \cdot \int \varphi_m er \varphi_n d\tau_e \cdot \int s_m s_n d\tau_s \right|^2$$

によってきまる．光の吸収の場合と出発点，到着点を入れかえればよい．前節

3.6 励起分子がエネルギーを消費する過程

の考察を適用すると次のようになる.

① 励起一重項状態 → 基底一重項状態 の発光過程は許容. したがって励起一重項状態からの発光過程の速度は速く, 励起一重項状態の寿命は短い（一般に 10^{-8} s 以下）. この発光を**蛍光** (fluorescence) という.

励起三重項状態 → 基底一重項状態 の発光過程は禁制. したがって励起三重項状態からの発光過程の速度は遅く, 励起三重項状態の寿命は長い (10^{-6} s くらいから秒のオーダーに達するものもある). この発光を**りん光** (phosphorescence) と呼ぶ.

以上のように, 蛍光, りん光は発光に関与する励起状態の多重度による区別である.

② $\pi^* \to \pi$ の発光過程は許容であり, $\pi^* \to n$ の発光過程は禁制である.

③ 図 3.8 の励起状態の $v'=0$ の振動波動関数（励起によっていったん $v'>1$ のような高い振動状態に上げられるが, 励起状態の寿命内に $v'=0$ 状態へ非常に速く安定化してしまう場合が多いので, 発光は $v'=0$ から起こる）と基底状態の振動波動関数の重なりが大きい場合に遷移が起こる. 図 3.10 の概念図 (Jablonski 図) からもわかるように, 励起は基底状態の $v=0$ から励起状態の $v'=0,1,2,\cdots$ などに起るのに対し, 発光は励起状態の $v'=0$ から基底状態の $v=0,1,2,\cdots$ に起るので, 発光は吸収より長波長側に現れる. 蛍光の場合 $v'=0$ から $v=0$ への遷移は, 吸収の $v=0$ から $v'=0$ への遷移に一致し, 吸収と蛍光とは一つの波長だけで一致する（これを 0-0 帯と呼ぶ）.

励起三重項状態は励起一重項状態よりエネルギーが低いので, りん光は蛍光より長波長側に現れる. **図 3.11** はアントラセンの吸収・発光を示したもので, 上記のことがよくわかるであろう.

次に誘導放出について略記する. 誘導放出を利用したレーザーは科学・技術の領域だけでなく, 日常生活の中にも深く入り込んできているので, レーザーを利用したオモチャで遊んだ経験を持つ人も多いだろう.

誘導放出 (stimulated emission) とは, 励起種に対しその励起エネルギーに一致した光が作用したときに起る現象であり, 励起種が外から作用した光に調

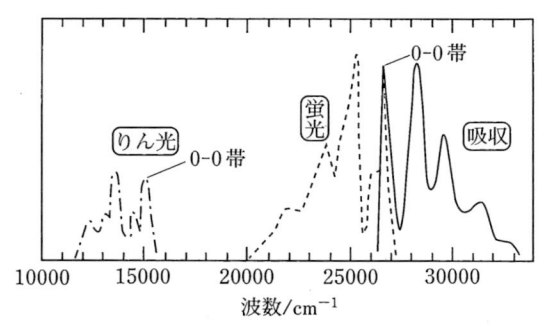

図3.11 アントラセンの吸収（――），蛍光（……），りん光（―・―・―）スペクトル

子を合せて，作用した光と正確に同じ波長と同じ位相とを持った光を放出する現象である．系内に十分多くの励起種が蓄えられているときには，この過程によって光子が次々に誘導をひき起し，一度に多量の波長・位相のそろった光子が放出されることになる．これは光の"増幅（amplification）"を意味する．レーザーは Light Amplification by Stimulated Emission of Radiation（誘導放出による光増幅）の頭文字をつないだものである（15.3節参照）．

　レーザー光を発生させるためには第一に，励起種を数多く，いちどきに作り出し貯めておくことが必要で，このために励起状態の寿命の長いものを利用し，かつ強力なフラッシュランプを用いていちどきに多量の励起種を発生させる[†]．第二に，誘導放出を効果的にするために，系の中で何回も光を往復させ（系の両端で光を何回も反射させる），系の中を光が通過する距離を長くし，できるだけたくさんの励起種を共振させるようにする．

　材料としてはルビー（中に含まれる不純物の Cr^{3+} が真紅の 694.3 nm 光を発生する），YAG（適当な金属イオンをイットリウムアルミニウムガーネットに溶かしたもの．Nd^{3+} を用いた場合は 1064 nm 光を発生する），窒素（337 nm），希ガスとハロゲンの混合ガス〔希ガスとハロゲンとのエキシマー（エキシマーについては5.3節参照）から光が発生する．KrF で 248 nm〕，有機色

[†] 励起種を発生させるためには放電などの電気エネルギー，化学反応などの化学エネルギーも利用される．

素，半導体などが用いられる[†1]．

　レーザーのパルス幅は現在の技術で 10^{-11} s 程度のものが容易に扱われるようになってきており，0.1 フェムト秒〔0.1 fs = 100 as（アト秒）= 10^{-16} s〕のものまでが実現しつつある．レーザーの特徴——同一波長・同一位相の強い光をいちどきに一個所に集中して照射できる——を利用して，光化学の分野では閃光光分解による光過程の機構解明（9.4 節）に重用されている．レーザーの価格が下がれば，有機合成に用いられる可能性がある．

(2) 無放射過程（内部変換と項間交差）

　再び図3.10の Jablonski 図を見ていただこう．波線で示されている過程は，光の放出を伴わない過程〔**無放射過程**（radiationless transition）〕である．同じ多重度間での遷移を**内部変換**（internal conversion）[†2]，異なる多重度間の遷移を**項間交差**（intersystem crossing）と呼ぶ．内部変換はさらに，同じ多重度ではあるが異なる電子状態の振動励起状態へ移る過程（図3.10では内部変換①と表示）と，同じ電子状態における振動状態の変化だけの過程（内部変換②と表示）に分類される．内部変換②ではエネルギーが熱の形で放出される．

　以上をまとめると，次のようになる．

$$
\text{無放射過程}\begin{cases}\text{内部変換}\begin{cases}\text{異なる電子状態間での無放射遷移：内部変換①}\\ \text{同じ電子状態内の異なる振動状態間での遷移：内部変換②}\end{cases}\\ \text{項間交差}\begin{cases}\text{異なる多重度の状態間での無放射遷移}\end{cases}\end{cases}
$$

　無放射過程のうち，内部変換②は同じ電子状態の中での振動状態の変化である．このとき熱の形で速やかにエネルギーが失われる（特に液体状態においては周囲の他分子への熱エネルギーの供与が効果的に働く）．

[†1] レーザー光は適当な装置によって，もとの光の 1/2, 1/3, … などの波長の光に変換することができ，短波長光が必要な場合に利用される．
[†2] 内部転換とも呼ばれる．

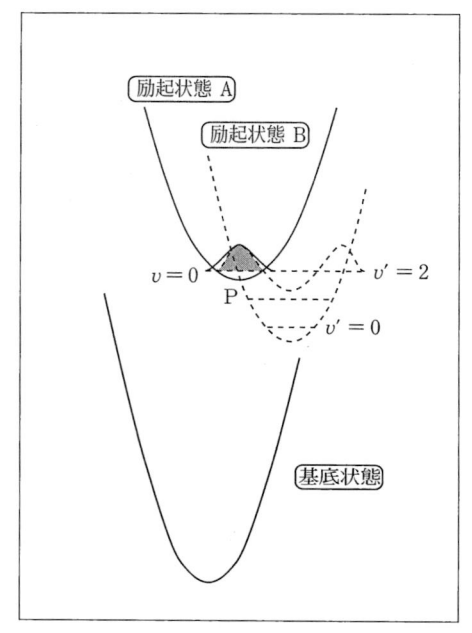

図 3.12 内部変換 ① の過程

内部変換 ① と項間交差は，異なった電子状態への遷移である．この過程が起りやすいか，起りにくいかをきめるのも 3.5 節の式 (3.1) (p.23) である．

まず内部変換 ① について，**図 3.12** を用いて考察しよう．異なった電子状態間の内部変換には，二つの電子状態のポテンシャルエネルギー曲線（多原子分子では多次元空間でのエネルギー曲面）が交差していることが必要である（図中点 P）．このような条件を満たす二つの状態を A，B とし，励起状態 A（実線で示す）の振動状態 $v=0$ から A よりもエネルギーの低い励起状態 B（破線で示す）への遷移を考える．状態 A，B は同じ多重度であるから，スピン的には遷移が許容である．また A，B 両状態は波動関数の空間部分についても禁制でないとしよう．こうなると A から B への遷移の確率は，振動の波動関数の重なり具合によってきまってくることになる．

図 3.12 の場合では，状態 A の $v=0$ 状態とそれとエネルギーの等しい状態 B の $v'=2$ 状態の振動波動関数の重なりが大きく，遷移は速やかに起ることに

なる．振動波動関数の重なりが悪い場合は遷移が起りにくい．しかし励起状態では狭いエネルギー範囲に多くの励起状態が詰っていて，振動波動関数の重なり合いのよい状態の組合せが数多くあり，同じ多重度の励起状態間での内部変換は速やかに起る．励起状態間でのエネルギー曲面の交差の頻度の高さにくらべ，基底状態と最低励起状態間のエネルギー差は大きく，両者のエネルギー曲面の交差は少ない．このことは，高い励起状態から最低励起状態への変換にくらべ，最低励起状態から基底状態への変換が遅いことを意味する．

　一般に，最低励起状態（一重項状態なら S_1，三重項状態なら T_1）以外の高い励起状態の寿命は短く，速やかに S_1 か T_1 に落ち着く．それゆえ，短波長のエネルギーの高い光を用いて $S_2, S_3, \cdots$ へ励起しても，発光や反応は最低励起状態である S_1 あるいは T_1 で起ることが多い（すなわち光反応や発光において，照射光の波長依存性が見られない場合が多い）

という **Kasha則**は，上記のことを定式化したものである．

　Kasha則の例外の一つはアズレンであって，S_2 から S_0 への蛍光が観測される．アズレンでは S_1 と S_2 のエネルギー差が大きく，$S_2 \rightarrow S_1$ の内部変換の効率が悪いためと説明されている．

アズレン

　また，遷移金属錯体の光化学では，(Kasha則の例外となるが) 照射光波長によって，反応の形式が変る場合がかなり見られる．代表的なものに，ヘキサシアノ鉄(II)酸塩の光反応がある．波長が 350 nm 以上の長波長光 (例えば 365 nm 光) で照射すると配位子の脱離が，波長 350 nm 以下の短波長光 (例えば 254 nm 光) を用いると電子の放出（したがって錯体の酸化）が起る．

$$[\text{Fe(CN)}_6]^{4-} \xrightarrow[h\nu (\lambda < 350 \text{ nm})]{h\nu (\lambda > 350 \text{ nm})} \begin{array}{l} [\text{Fe(CN)}_5]^{3-} + \text{CN}^- \\ [\text{Fe(CN)}_6]^{3-} + \text{e}^- \end{array}$$

　次に，項間交差について考えてみよう．項間交差は多重度の異なる状態への遷移だから，3.5節の式(3.2)のスピン波動関数に関する部分が

$$\int s_m s_n \, d\tau_\text{s} = 0$$

になる禁制の過程であり，原則としては起らない過程である．しかし，アルデヒド・ケトン（例えばベンゾフェノン）や芳香族炭化水素（ベンゼン，ナフタレンなど）では，光の吸収が，基底一重項状態→励起一重項状態の遷移であるのに，発光や反応が三重項状態から起っている場合が多く見られる．このことは，ある種の分子では項間交差が効率よく起ってしまうことを示している．

禁制であるべき項間交差が起ってしまうのは，スピン波動関数と軌道波動関数との混り合いによって，s_m, s_n が純粋な一重項，三重項でなくなってしまうためである．一重項，三重項の混り合いによって遷移確率は 0 でなくなり，一重項 ⇌ 三重項の相互変換の道が開ける．

このことを図式的に示してみよう．電子のスピンは，磁気モーメントのベクトルが，磁場 H の中で図 3.13 のように"みそすり運動"をしている姿として表現される．一重項状態は二つのスピンベクトルの方向が逆向きである状態 1 であり，三重項状態は状態 2 のように表現される．外部の磁場が電子 1 にも電子 2 にも同じように働くときは，二つのスピンベクトルは同じ調子でみそすり運動をつづけるから，二つのベクトルの相対的関係は変化しない．しかし，二つの電子にかかる磁場に違いがあると，二つのスピンベクトルのみそすり運動の回転速度に違いが出て，状態 3 のような一重項，三重項の混合状態になる．

それでは，二つのスピンにかかる磁場に相違をもたらす原因は何であろう

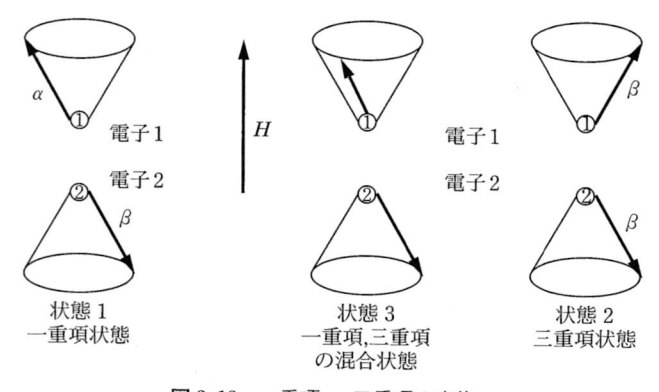

図 3.13 　一重項 → 三重項の変換

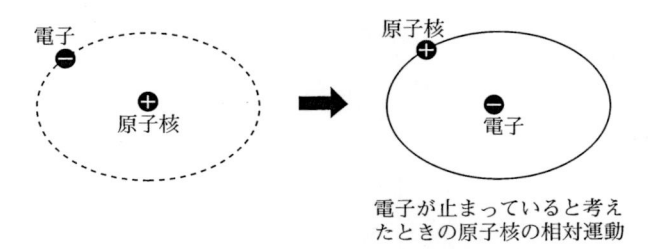

3.6 励起分子がエネルギーを消費する過程

図3.14 電子の軌道運動によって作られる磁場

か？ それは電子の軌道運動によって作られる磁場なのである．

電子は止っている原子核の周りをまわっているが，電子を止っていると見れば，原子核が電子の周りをまわっていると見なすことができる（**図3.14**）．運動する電荷は磁場を作る．電子に対する原子核の相対運動は電子の軌道運動に他ならないから，電子スピンは電子自身の軌道運動によって影響を受け，その性格を変えていくことになる．これが**スピン-軌道相互作用**である．

スピンと軌道との相互作用によって，一重項 ⇌ 三重項の相互変換が可能になり，無放射過程では項間交差の禁制がゆるめられる．放射過程でりん光の発光が可能になるのも，ここで述べたスピン-軌道相互作用による一重項，三重項の混合が原因である．

スピン-軌道相互作用の大きさをきめる因子の一つは，原子核の電荷の大きさである．図3.14を用いての説明から推定されるように，中心の原子核の電荷が大きいほどそれが作り出す磁場が大きく，電子スピンのみそすり運動に及ぼす影響が大きい．したがって原子番号の大きい原子（重原子）を持つ分子では，項間交差が効率よく起る（**内部重原子効果**）．また重原子を含む溶媒（例えばCCl_4）中でも，溶質分子の項間交差の効率が高くなる（**外部重原子効果**）．

スピン-軌道相互作用は，互いに直交したp軌道間（例えばp_xとp_z）で遷移が起る場合に大きくなるという傾向がある．図3.15を見ながらカルボニルについて考えてみる（3.3節参照）と，π, π^*はp_z軌道からでき上がっており，nはOのp_y軌道である．$^1(\pi\text{-}\pi^*) \rightarrow {}^3(n\text{-}\pi^*)$の項間交差では$\pi$からnへ，すなわち$p_z$から$p_y$への電子の移転が必要である．このような場合にスピン-軌道相

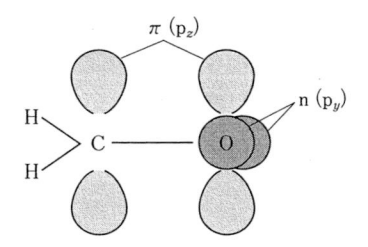

図 3.15 カルボニルのスピン-軌道相互作用を考える

互作用が大きくなって，項間交差が起りやすくなるとされている．カルボニル化合物やピリジンのようなヘテロ芳香族化合物では，上記の遷移が可能なため項間交差の機会に恵まれ，三重項状態ができやすいと考えられている．

　一般に，異なる多重度間の遷移についての禁制は厳しく，カルボニル化合物などを除くと光照射で直接三重項状態を作り出すことは難しい．

　ところで，三重項状態は寿命が長いので，反応にあずかる機会が多い．光反応を効率的に起すためには，三重項状態を効率的に作り出すことが一つのよい方法である．しかし，これまで述べてきたように，自由に三重項状態を直接的に作り出すことはできない．このような場合には"**三重項増感**"を利用するが，その解説は第6章にゆずる．

3.7 励起状態の酸性・塩基性

　励起状態の性格が，基底状態のそれと大きく異なることを示す例の一つに，励起状態での酸性・塩基性の変化がある．話の順序として，まず励起状態での酸解離定数の測定法を2-ナフトールを例にして述べる．

　励起状態での酸解離定数とは

$$\left(\text{ナフチル-OH} \right)^* \rightleftharpoons \left(\text{ナフチル-O}^{\ominus} \right)^* + \text{H}^+$$

$$(3\text{-}1) \qquad\qquad (3\text{-}2)$$

の平衡定数のことであるから，励起状態での (3-1)，(3-2) の濃度を知ること

3.7 励起状態の酸性・塩基性

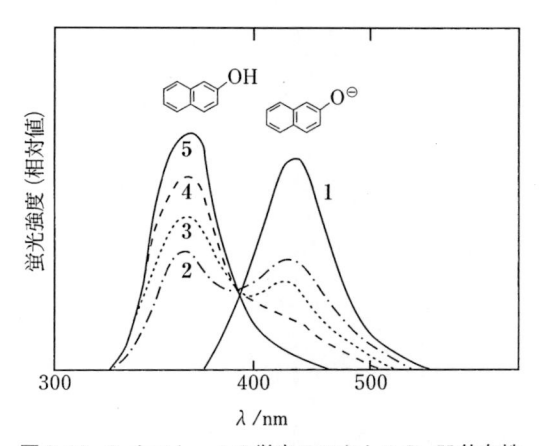

図 3.16 2-ナフトールの蛍光スペクトルの pH 依存性
1：$0.02~\mathrm{mol~L^{-1}}$ NaOH
2：$0.02~\mathrm{mol~L^{-1}}$ CH_3COOH ＋ $0.02~\mathrm{mol~L^{-1}}$ CH_3COONa
3：pH 5～6
4：$0.004~\mathrm{mol~L^{-1}}$ $HClO_4$
5：$0.15~\mathrm{mol~L^{-1}}$ $HClO_4$

ができれば，励起状態での pK_a が求められることになる．非解離形 (**3-1**) と解離形 (**3-2**) の蛍光スペクトルが異なっている (**図 3.16**) ことを利用し，溶液の酸性が十分高いところ，塩基性が十分高いところで蛍光を測定して，非解離形，解離形の発光強度を求めておいたあとで，溶液の pH を緩衝液を使って一定に整え，種々の pH で 2-ナフトールの蛍光を測定すると，それぞれの pH における非解離形，解離形の濃度が求まる．これらと，pH から算出される $[H^+]$ を式

$$pK_a^* = -\log K_a^*$$

$$K_a^* = \frac{\left[\left(\text{ナフチラート}\right)^*\right][H^+]}{\left[\left(\text{ナフトール}\right)^*\right]}$$

に入れると，励起状態の酸性の強さ pK_a^* が求められる．閃光光分解の手法に

表3.2 励起状態の酸性・塩基性の強さ

化合物		pK_a 基底状態	pK_a^* 励起一重項状態	pK_a^* 励起三重項状態
2-ナフトール	(構造式)	9.5	2.5	7.7
フェノール	(構造式)	10.5	5.7	8.5
安息香酸	(構造式)	4.2	9.5	—
1-ナフタレンカルボン酸	(構造式)	3.7	10〜12	4.6
2-ナフタレンカルボン酸	(構造式)	4.2	10〜12	4.2
2-ナフチルアミンの共役酸	(構造式)	4.1	—	23.1
キノリニウム	(構造式)	4.1	—	5.8
アクリジニウム	(構造式)	5.5	10.6	5.6
ベンゾ[g]キノリニウム	(構造式)	5.2	11.5	6.9

よって，励起状態の非解離形，解離形の吸収（高い励起状態への励起）を測定し，励起状態での非解離形，解離形の濃度を出し，上と同様の手続きで pK_a^* を出すこともできる．蛍光や $S_1 \rightarrow S_n$ 吸収に着目すれば，励起一重項の pK_a^* を求めることになり，りん光や $T_1 \rightarrow T_n$ 吸収に着目すれば，励起三重項の pK_a^* を求めることになる．

3.7 励起状態の酸性・塩基性

このようにして求められた励起状態の酸性・塩基性の強さを，代表的な化合物について p. 40 の**表 3.2** に掲げた．

ただし，上記の議論は発光が起る前，閃光光分解の場合には解析用のフラッシュ光があてられる前に平衡が成立していることを仮定している．励起状態の寿命が短いと平衡が成り立たないので，上のような方法で励起状態の酸性・塩基性の強さを求めることはできない．

2-ナフトールについて見てみよう．励起一重項状態の酸性は，基底状態にくらべ pK_a にして 7，解離定数にすれば 1000 万倍強くなっている．励起によって，こんなにも大きく酸性は変化する．フェノールでも一重項励起によって 10 万倍の酸性増大がある．これらのことは，一重項励起フェノールの電子配置が基底状態と異なっていることの反映であろう（具体的には，フェノールの場合，O 上の電子のベンゼン環への流入が著しいことを意味する）．励起一重項状態での大きな酸性の変化と対照的に，励起三重項状態の酸性は基底状態のそれとあまり変らない．電子の存在確率は励起一重項と三重項とで本質的な違いがないと思われるのに，このような違いが現れる原因はよくわかっていない．

フェノールの場合は励起によって酸性が強くなったが，安息香酸，ナフタレンカルボン酸では励起によって酸性が弱くなる．アミンでは 2-ナフチルアミンの塩基性は励起によって弱くなる（共役酸の酸性が増大する）のに，アクリジン，ベンゾ[g]キノリンのようなピリジン型の複素環塩基の塩基性は，励起によって強くなる．これらの場合も一重項状態での変化が大きく，三重項状態での変化は小さいという一般的傾向が見てとれる．

以上のように，励起によって酸性・塩基性は大きく変化するが，それらが強くなるか弱くなるかは化合物によって個性があるということがわかる．

第4章　光化学反応の特質

　前章で述べたように，光によって作り出される電子的励起状態の性格は，電子的基底状態の性格と大いに異なる．したがって，電子的励起状態によって引き起される光反応は，電子的には基底状態（熱によって振動励起されているとはいえ）にある分子の起す一般の化学反応とは全く異なったものになる．反応の形式も，反応の効率も変ってしまう．このことは，一般の化学反応では実現できないことを光反応がやすやすとなしとげてしまう可能性を示している．光化学が基礎化学の面からだけでなく，合成化学をはじめとする応用の面からも熱い目で見られている原因である．

4.1 光化学第一法則，第二法則

　光反応は，分子が光エネルギーを吸収し，エネルギーの高い活性化状態（励起状態）になることによって起る．したがって，**入射した光のうち吸収された光だけが反応を起し得る**ことになる．一見自明のことのようであるが，物質に対する光の作用の本質を初めて明言したもので，**光化学第一法則**，あるいは提唱者の名をとって Grotthus-Draper の法則と呼ばれる．

　光化学における第二の基本法則は**光当量則**で，Einstein，あるいは Stark-Einstein の名が冠せられているものである（p.13 のコラム参照）．この法則は本来の形では，**光の吸収は光量子を単位として行われ，1個の分子が1個の光量子を吸収し，それによって1個の分子が反応する**というものである．量子としての光と分子の相互作用を明確にしたこの法則がなければ，現代の光化学は存在しない．しかし，この法則の後段，光量子を吸収した分子が100％の確率で反応することは事実ではなく，一般には**光量子を吸収した分子の一部だけが反応する**ことが明らかになり，この法則は修正を受けることになった．この反応の確率を，**量子収量**あるいは**量子収率**（quantum yield）といい，光化学では重要な数値である．

$$\text{量子収量} = \frac{\text{光反応によって生成した分子の数 (あるいは消失した分子の数)}}{\text{吸収された光量子の数}}$$

量子収量が1より小さくなるのは，光量子を吸収して生成する励起分子（これは量子収量1で生成する）が，反応以外の過程でエネルギーを失うためである[†]．

4.2 光化学反応の特質 —概観—

光により活性化された励起分子の特質は，次の3点に要約されよう．

① 励起分子は普通の共有結合と同程度の大きなエネルギーを持っている．このためかなり強い結合も切断され，反応性に富んだラジカル（遊離基），カルベンなどが生成する．またエネルギーを蓄えた歪の大きい分子が生成することもある．

② 励起状態の電子分布が基底状態のそれと異なっているので，基底状態では起らない反応が励起状態で起るようになったり，同じ型の反応が起る場合でも，熱反応と光反応とでは位置選択性・立体選択性が違ったりする．

③ 励起分子は，エネルギーの高い軌道に電子を1個持っていて，これを他の分子に与えやすい．すなわち，基底状態の分子にくらべて還元力が大きい．細かいことを無視すれば，還元電位は励起エネルギー $h\nu$ だけ大きくなる．一方，励起分子には，励起された電子のあとに残った穴がある．ここに他分子からの電子を受け入れやすい．すなわち，励起状態は基底状態にくらべ酸化力が増している．酸化電位の増大は，この場合も第一近似では $h\nu$ である．励起状態は基底状態にくらべ酸化力・還元力がともに大きくなっている．

光は反応を起す手段である．これを"光は試薬の一種，触媒の一種である"と表現してもよいかも知れない．光を試薬と見たときの特徴はどういうところにあるだろうか？ それは以下の3点にまとめられるだろう．

[†] 連鎖反応の場合は量子収量が1より大きくなることがある．

第一に，光は形や重さのない試薬である．このことは，光反応が残りカスを出さないクリーンなものであることを意味する．

第二に，光は浸透性がよい．立体障害が大きくて一般の試薬が近づけない場所にも，光は作用して反応を起すことができる．

第三に，光は特定の場所だけに高いエネルギーを与え活性化し，分子の一部だけを選択的に反応させることができる．熱反応の場合には分子全体が平均的に活性化されるので，分子の中で一番結合の弱い場所で反応が起る．以上の状況を溶質，溶媒の関係にあてはめてみよう．熱反応では溶質，溶媒が均一にあたためられ，活性化される．これに対し，光反応では反応させたい溶質分子だけを選んで活性化することができる．これは光反応が低温で実行できることを意味する．液体ヘリウム温度 (4.2 K)，液体窒素温度 (77 K ＝ −196 ℃) で光反応を起させることによって，不安定で常温ではすぐ分解してしまうような活性種を作り出すことができるのは，光反応の最も大きな特徴の一つである．

本章では，以上の励起分子の特色がよく現れている反応例をいくつか見ていこう．

4.3 励起分子の持つ高いエネルギーが重要な働きをしている光反応

まず，光の持つ高いエネルギーが重要な意味を持つ光反応を見よう．

Cl_2 は黄緑色で，これは Cl_2 が 480 nm より短波長の光を吸収するためである（吸収のピークは 330 nm）．480 nm 光のエネルギーは 249 kJ mol^{-1}，Cl−Cl の結合エネルギーは 240 kJ mol^{-1} なので，光エネルギーを吸収した塩素分子は開裂する．

$$Cl-Cl \xrightarrow{h\nu} Cl\cdot + \cdot Cl$$

発生した塩素原子（塩素ラジカル）は，さまざまな反応を引き起こす．H_2 と Cl_2 の混合気体に光をあてると瞬時に反応して HCl になるのは，Cl・によって次の**連鎖反応**が起こるためである．

$$Cl\cdot + H_2 \longrightarrow HCl + H\cdot$$
$$H\cdot + Cl_2 \longrightarrow HCl + Cl\cdot$$

芳香族化合物の塩素化は工業的にも有用で，合成の1段階としてよく利用されている．

$$\text{C}_6\text{H}_5-\text{CH}_3 + \text{Cl}\cdot \longrightarrow \text{C}_6\text{H}_5-\text{CH}_2\cdot + \text{HCl}$$

$$\text{C}_6\text{H}_5-\text{CH}_2\cdot + \text{Cl}_2 \longrightarrow \text{C}_6\text{H}_5-\text{CH}_2\text{Cl} + \text{Cl}\cdot \quad (連鎖反応)$$

東レ株式会社でナイロン合成に応用され，世界で最も大規模に行われていた光ニトロソ化は，シクロヘキサン中に気体のNOとCl_2とを吹き込みながら光照射をして実施されていた．この反応は光によるCl·の生成が引金になっている[†1]．

$$C_6H_{12} + Cl_2 + NO \xrightarrow{h\nu} C_6H_{10}=NOH + HCl$$

シクロヘキサノンオキシム

反応過程

$$Cl_2 \xrightarrow{h\nu} 2\,Cl\cdot$$

$$Cl\cdot + C_6H_{12} \longrightarrow C_6H_{11}\cdot + HCl$$

$$C_6H_{11}\cdot + NO \longrightarrow C_6H_{11}-NO \rightleftharpoons C_6H_{10}=NOH$$

歪(ひずみ)のかかった化合物を作るためには，光反応を利用するのが最もよい方法である．ここでは，最も歪の大きい分子で，永い間の化学者の夢であったテトラヘドラン（正四面体分子）の合成について説明しよう[†2]．

実際に合成されたのは，全ての炭素にt-ブチル基がついた化合物 (4-2) である．2,3,4,5-テトラ-t-ブチル-2,4-シクロペンタジエノン (4-1) を 77 K，炭化水素のガラスマトリックス中，254 nm 光で照射することで，難問だった (4-2)

[†1] 石油価格の高騰によって電気料金も上がって，多量の電力を必要とする本法は経済的に成り立たなくなってしまった．

[†2] G. Maier, S. Pfriem, U. Schäfer, R. Matusch：*Angew. Chem.*, **90**, 552 (1978)；G. Maier, S. Pfriem, U. Schäfer, K. -D. Malsch, R. Matusch：*Chem. Ber.*, **114**, 3965 (1981)．

$$\text{(4-1)} \xrightarrow[\text{77 K}]{\text{254 nm}} \text{(4-2)}$$

の合成が簡単になしとげられてしまった．(4-2) は 1 mol あたり 540～574 kJ の歪エネルギーを蓄えている．反応は 2 段階の光反応で成り立っている．

$$\xrightarrow{h\nu} \xrightarrow{h\nu}$$

第 2 段階は CO の脱離による環縮小である．ここでは，歪エネルギーが大きく不安定な化合物を分解させないようにするため，77 K（液体窒素温度）での反応が活用されていること（試薬としての光の第三の特徴）にも注意しておきたい．

光のエネルギーが生成物の化学エネルギーとして蓄えられる例をさらにいくつか見ていこう．最も簡単なのは，光による cis-trans の異性化である．

有機合成で作り出されるアゾベンゼンは安定な trans 形で橙色をしている．これを光照射すると，黄色の cis 形が生ずる．薄層クロマトグラフィーのプレートの原点に少量の trans-アゾベンゼンをつけ，これに紫外線を照射したあと溶媒でクロマト展開を行うと，trans 形，cis 形のアゾベンゼンが確かめられる．

$$\text{trans-アゾベンゼン} \xrightleftharpoons{h\nu} \text{cis-アゾベンゼン}$$

＞C=C＜でも同様である．スチルベン(1,2-ジフェニルエテン) の光反応でも cis 形が生成する[†]．

[†] この反応には，三重項増感が有効である．このことについては第 6 章参照．

環式アルケンでは *cis-trans* 異性化が起る．この反応によって，大きな歪エネルギーを持った *trans* 形シクロアルケンを作り出すことができる．

cis-シクロオクテン　　　　*trans*-シクロオクテン

4.4 励起分子の電子状態と光反応性

励起状態と基底状態では電子状態が異なる．化学反応は電子の授受や組換えによって起るのであるから，電子状態の相違は熱反応と光反応との鮮やかな対照となって現れる．これを利用して，光でしか実現できない反応を起すことができる．

ここでは"電子状態"という言葉を使っているが，これには以下の①〜③の三つの意味がこめられている．

① 多重度
② 分子を構成する各原子上での電子密度
③ 分子内の電子軌道の位相．特に，反応に関与する最高被占軌道（HOMO），最低空軌道（LUMO）の位相

4.4.1 励起状態の電子分布が反応を支配する場合

3.3節で述べたように，ケトンの n-π* 状態は O 原子の上に不対電子を持ち，ラジカルの性質を持っていて，水素引き抜き，アルケンへの付加などの反応を行う．

ベンゾフェノンと 2-メチルプロペンとの反応で (4-5) と (4-6) とが 9 : 1 の

比で生成することは，中間に生成するラジカル (4-3) が，逆方向に付加して生ずるラジカル (4-4) より安定であるためと解釈されている[†].

これら水素引き抜き，二重結合への付加を行うケトンの励起種は三重項である場合が多い．三重項状態は一重項状態にくらべ寿命が長いので，活性化状態でいる間に反応の相手にめぐり合う確率が高く，これが一重項より三重項状態が反応に有利である原因となっている．

[†] N. C. Yang, M. Nussim, M. Jorgeson, S. Murov: *Tetrahedron Lett.*, **1964**, 3657.

4.4 励起分子の電子状態と光反応性

カルボニル基の励起状態と光反応性については，さらに学ぶべきことが多いが，少し複雑になり，話の流れを悪くしてしまうので，本章の末尾に置くことにして，次の話題に移ろう．

2.1.2項で，基底状態では置換基によるベンゼン環のπ電子の分極の効果がp-位（o-位にも）に現れるのに対して，励起状態ではそれがm-位に現れる例を述べた．

このことは，簡単なHückel分子軌道の考察によって理解される．まずベンジル基の電子状態を考察する．

以下に置換基のモデル図を，次ページの図 (a) にHückel分子軌道の電子密度を示したので見ていただきたい．なお，ここでは電子求引基（ベンジルカチオン）の場合について説明することにする．

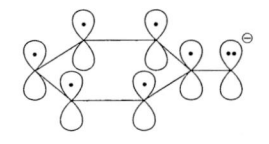

電子供与性のエレクトロメリー効果 (E効果) を持つ置換基のモデル．電子を8個入れる．

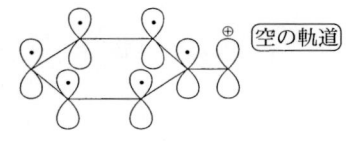

電子求引性のエレクトロメリー効果を持つ置換基のモデル．電子を6個しか入れない．

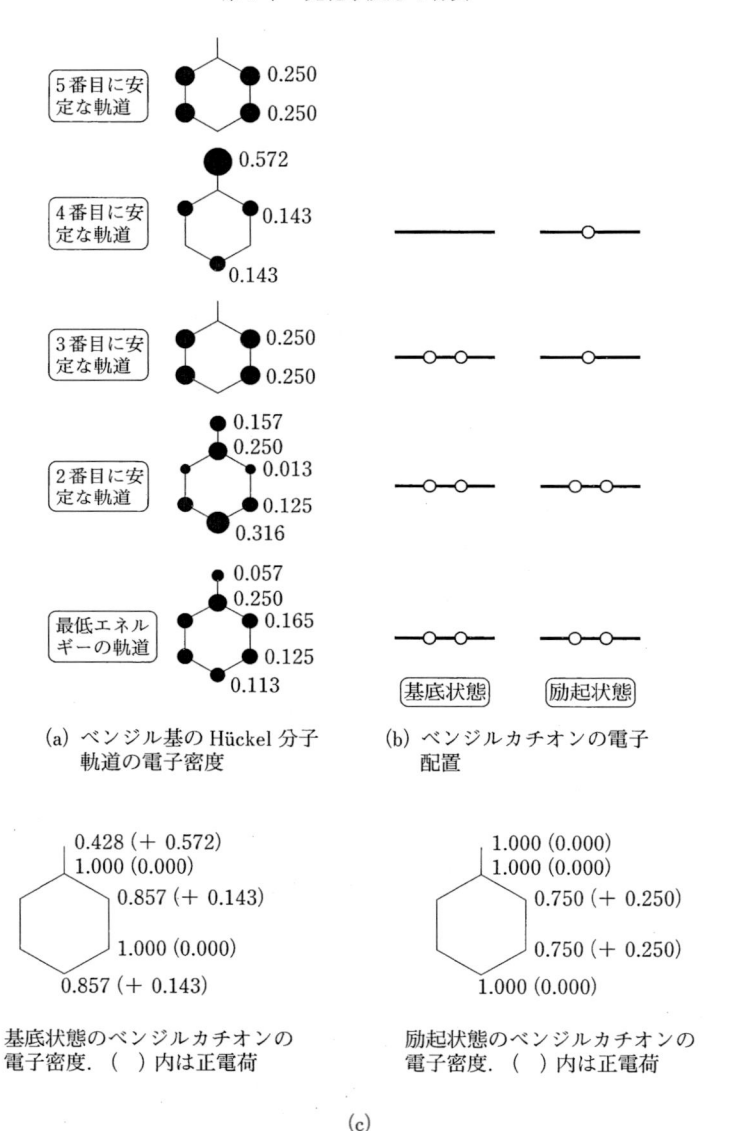

(a) ベンジル基の Hückel 分子軌道の電子密度

(b) ベンジルカチオンの電子配置

基底状態　励起状態

基底状態のベンジルカチオンの電子密度．（　）内は正電荷

励起状態のベンジルカチオンの電子密度．（　）内は正電荷

(c)

 さて，上の図 (b) に示すようにベンジルカチオンの励起状態は下から 3 番目の軌道の電子 1 個が 4 番目の軌道にたたき上げられた状態で，3, 4 番目の軌道に 1 個ずつ電子が入っている．この状態における各原子の電子密度を図

(c) に示したが，電子不足は p-位には現れず，代りに m-位に (o-位にも) 現れている．励起状態では m-位で求核置換が起りやすくなったことを，この簡単なモデルはよく説明してくれる．

電子供与基については，ベンジルに8個の電子を入れるモデルで考察することができる．ここにおいても基底状態では o-, p-位に，励起状態では o-, m-位に置換基効果が現れることが説明される．

4.4.2 励起状態，基底状態の電子軌道の位相が反応を支配する場合
— Woodward-Hoffmann 則 —

量子化学の進歩によって，反応の起る・起らないは，単に電子の偏りだけによってきまるのではなく，反応に関与する**電子の軌道の位相**[†]の一致・不一致によって支配されていることが明らかにされてきた．これは，1950年代から福井謙一 (1981 年ノーベル化学賞受賞) によって開拓されてきた**フロンティア軌道理論**が，Woodward-Hoffmann 則を経由して花を開き，実を結んできた領域である．フロンティア軌道理論，Woodward-Hoffmann 則によって，有機電子論は新しい時代に入ったといえる．この理論は，光反応と熱反応の違いを理解するのに特に有効である．

いくら熱を加えても反応が起らないのに，光を照射するといとも簡単に反応が起ることがある．また，熱と光で同じ形式の反応が起る場合でも，熱を用いたときと光を用いたときとでは反応の位置選択性・立体選択性が異なることがある．このような例として，アルケン，共役ポリエンの① 付加環化，② 閉環および開環，③ シグマトロピー転位をとり上げ，Woodward-Hoffmann 則とフロンティア軌道理論の基礎を述べていこう．

まず，付加環化，閉・開環，シグマトロピー転位についての Woodward-Hoffmann 則をまとめた**表 4.1** を見ていただこう．熱反応と光反応とが共役系の電子数との関連において鮮やかな対照をなしている．ただし，ここで特に注意しておかなければならないことは，この規則は，反応が1段階で完結してし

[†] p.21 の脚注2参照．ここでは波動関数の符号が問題である．

表 4.1　Woodward-Hoffmann 則のまとめ

反応の型	熱反応	光反応
付加環化	Diels-Alder 反応 加熱によって容易に進行. **一般則**：反応に関与する π 電子数の和が $4n+2$ の場合, 熱による協奏的付加環化が起る.	光照射で容易に進行. 熱反応では起すことができない. **一般則**：反応に関与する π 電子数の和が $4n$ の場合, 光による協奏的付加環化が起る.
閉環・開環	**一般則**：反応に関与する電子の数が $4n$ の場合, 熱による協奏的閉・開環は同旋的に起る. 　反応に関与する電子の数が $4n+2$ の場合, 熱による協奏的閉・開環は逆旋的に起る.	**一般則**：反応に関与する電子の数が $4n$ の場合, 光による協奏的閉・開環は逆旋的に起る. 　反応に関与する電子の数が $4n+2$ の場合, 光による協奏的閉・開環は同旋的に起る.
シグマトロピー転位 (水素移動の場合)	**一般則**：偶数個の (共役) 二重結合を越しての熱による協奏的水素移動はスプラ形 (同面) で起る. 　奇数個の (共役) 二重結合を越しての熱による協奏的水素移動はアンタラ形 (逆面) で起る. (動く距離の短い [1,3], [1,5] 移動では立体的な制約のためスプラ形移動のみが可能である.)	**一般則**：偶数個の (共役) 二重結合を越しての光による協奏的水素移動はアンタラ形 (逆面) で起る. 　奇数個の (共役) 二重結合を越しての光による協奏的水素移動はスプラ形 (同面) で起る.

まう**協奏反応** (concerted reaction. 例えば反応中心が 2 か所である付加環化の場合, 2 か所で同時に結合が生成し, それと同期して二重結合の移動が起る. 1 か所だけで結合が生成した反応中間体を経由しない) において成り立つ

(1) 付加環化反応

熱反応と光反応との鮮やかな対照は，不飽和炭化水素の付加環化に見られる．1,3-ブタジエンとアルケン（マレイン酸無水物が用いられる場合が多い）との付加環化は，Diels-Alder 反応であり熱的に容易に起る（発熱反応である）．反応形式は

で表され，π 電子 4 個の共役ジエンと π 電子 2 個のモノエンが共役系の両端で同時に結合し環を作る．この反応は関与する π 電子数から，**[4+2] 付加環化**と呼ばれる．代表的な例として次の反応がある．

（無水マレイン酸）

これに対し，アルケン 2 分子の付加環化は熱を加えても起らず，光照射によってのみ実現され，光反応の大きな特色となっている（反応形式は ‖ + ‖ ⟶ □ で表され，**[2+2] 付加環化**と呼ばれる）．

代表的な例に，固相でのケイ皮酸の二量化がある．この反応は，結晶内でのケイ皮酸の配列が，生成するシクロブタン誘導体の構造をきめるトポケミカル反応の代表例でもある．

α 形結晶　　　　　　　　　　　　　　α-トルクシル酸

ケイ皮酸の光付加環化は，集積回路の製造の際の**フォトレジスト**(photoresist)に利用される[†]．ケイ皮酸エステルを側鎖に持つポリビニルアルコールに紫外光があたると，4員環の形成によってポリマーが連結され，溶媒に対する溶解度が減る．これが画像形成に利用されるのである．

生体の中ではチミンが光二量化する．これは突然変異の原因となる．

この熱反応と光反応の違いは，フロンティア軌道理論によって理解される．
フロンティア軌道理論は

> 二つの分子が反応するためには，反応の場所で，一方の分子で電子の詰っている分子軌道のなかで最もエネルギーの高い〔HOMO (Highest Occupied Molecular Orbital；最高被占軌道)〕の位相が，反応相手の分子の電子の詰っていない分子軌道のうち最もエネルギーの低い軌道〔LUMO (Lowest Unoccupied Molecular Orbital；最低空軌道)〕の位相と合致する必要がある

というものである．反応は，一つの分子が電子供与体として HOMO に持っている電子を，電子受容体として働く第二の分子の LUMO に与えることによって起る．その際，反応する位置での HOMO, LUMO の相性がよい（波動関数

[†] ポリビニルアルコールと塩化シンナモイルとの反応で得られるポリケイ皮酸ビニルはフォトレジストとして商品化され，優れた性能のため多用されたが，熱安定性に問題があり，現在は使われていない．

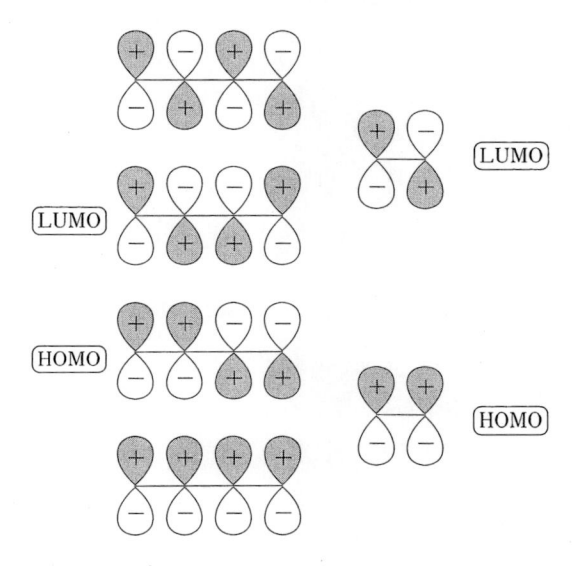

4.4 励起分子の電子状態と光反応性

ブタジエンの MO　　エチレンの MO

図 4.1　ブタジエンとエチレンの分子軌道

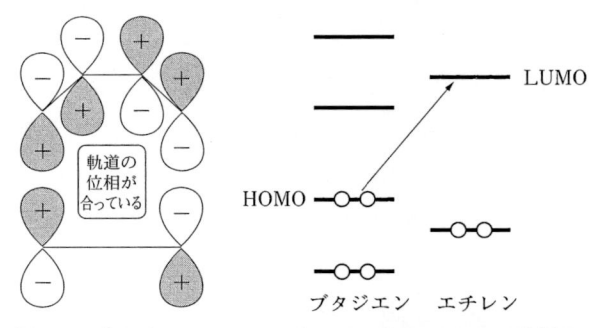

図 4.2　ブタジエンの HOMO とエチレンの LUMO の位相の一致

の位相, つまり符号が一致する) ときに反応が起ることになる.

$CH_2=CH_2$, $CH_2=CH-CH=CH_2$ の分子軌道の波動関数の位相は図 4.1 のようになる. 図 4.2 に見られるように, $CH_2=CH-CH=CH_2$ の HOMO と $CH_2=CH_2$ の LUMO の分子両端の位相が合致する (ここでは, アルケンとして電子不足性の無水マレイン酸を用いることが多いことを考慮し, アルケン $CH_2=CH_2$ を電子受容体とし, ジエンを電子供与体と考えたが, $CH_2=CH-$

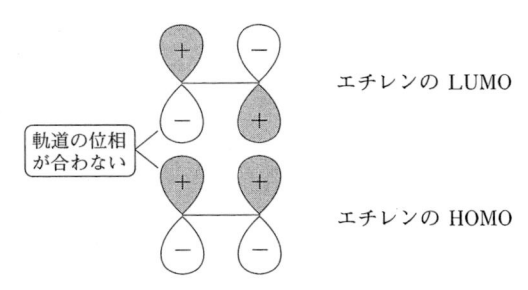

図4.3 エチレンのHOMO, LUMOの位相の不一致

CH=CH$_2$を電子受容体とし，そのLUMOの位相とCH$_2$=CH$_2$のHOMOの位相との合致を考えても結果は同じになる．読者はそれを確かめられたい）．このことは，Diels-Alder反応が基底状態で（熱的に）起りやすいことと照応している．

一方，CH$_2$=CH$_2$のHOMOともう1分子のCH$_2$=CH$_2$のLUMOの位相は，合致しない（一方の端の位相を合わすと他端は逆位相になってしまう．**図4.3**）．このことは，2分子のアルケンの付加環化が基底状態では起らないことを意味する．

次に励起状態について考察しよう（**図4.4**）．励起状態では，反応する一方の分子の電子1個がLUMOに励起されて，HOMOとLUMOに1個ずつの電子が存在する（HOMO′，LUMO′と名づけることにする）．2分子のエチレンが光反応しようとするときは励起された分子のLUMO′の電子（最もエネルギー

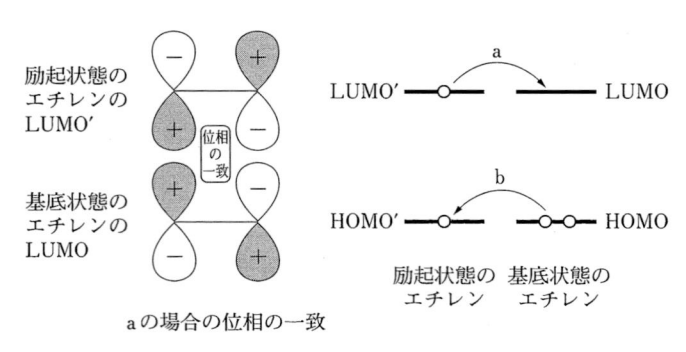

図4.4 励起状態のエチレンと基底状態のエチレンのMOの位相の一致

の高い電子)が基底状態の分子のLUMOに移るか(a),励起された分子のHOMO′(電子が励起されたあとに残る電子の穴)へ基底状態のエチレンのHOMOから電子が移るか(b)によって反応が起ることになる．a,bのいずれにしても軌道の位相の合致がよく，2分子のアルケンの付加環化は，一方のアルケンが励起状態にあるときに起りやすいことが説明される．逆に，CH_2=$CH-CH=CH_2$ と $CH_2=CH_2$ の付加環化が励起下で起らないことも，図4.1の軌道図を基に説明できるが，この検討は読者におまかせしよう．

上述の議論を，一般則(表4.1)に拡張することは容易であろう．共役ポリエンの π 電子系の単純 Hückel MO では，エネルギーの低いものから高いものへとたどっていくと，π 電子系の中央の対称面に関して，対称(両端のCのp軌道が同位相)，逆対称(両端のCのp軌道が逆位相)，対称，逆対称，…と対称性が規則的に変化するので，反応性が π 電子数によってきれいに整理されるのである．

(2) 閉環・開環

共役トリエンの6員環への閉環について考えてみよう．1,3,5-ヘキサトリエンの3,4番目の π 電子軌道は図4.5のようになっている．基底状態では φ_3 まで電子が詰っている．熱反応の場合は閉環の際，φ_3 軌道の両端の π 軌道が σ 軌道に変化して結合を作ることになるが，軌道の位相が合致するように回転し

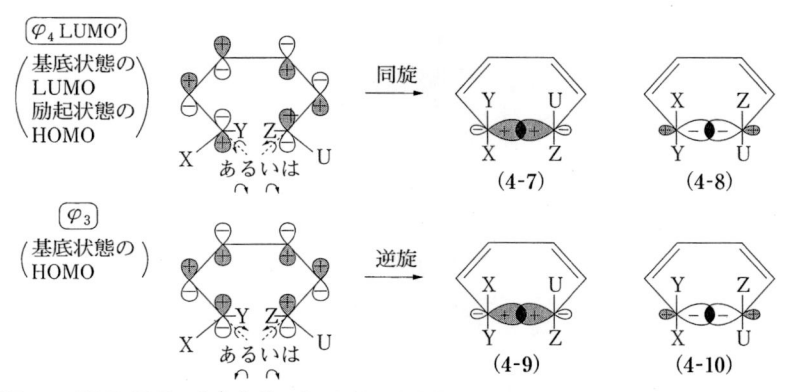

図4.5 閉環・開環の立体化学 (図を見やすくするためp軌道は小さく画いてある)

て重なり合う．こうするためには右側と左側の回転が逆向きでなければならない〔**逆旋** (disrotatory)〕．＋と＋が重なるようにまわると (4-9) が，－と－が重なるようにまわると (4-10) が生成する（この二つは立体障害などがなければ同じ確率で起る）．

光反応の場合は，φ_4 軌道の電子が反応を支配するので，φ_4 の π 軌道の位相の一致が回転の方向を決定する．この場合，両端の p 軌道が同方向に回転する必要がある〔**同旋** (conrotatory)〕．生成する 6 員環化合物は (4-7), (4-8) である．

開環の場合は，今の議論を逆にたどればよい．σ 軌道が立ち上って π 軌道に変容するが，基底状態の場合はヘキサトリエンの φ_3 が，励起状態の場合は φ_4 が作り出されるので，回転の過程は閉環の場合を逆にたどればよい．熱反応では両端の二つの基の回転は逆旋的，光反応では同旋的になる．

ここでは，1,3,5-ヘキサトリエン $\rightleftarrows$ 1,3-シクロヘキサジエンの相互変化について考察したが，1,3-ブタジエン $\rightleftarrows$ シクロブテン，1,3,5,7-オクタテトラエン $\rightleftarrows$ 1,3,5-シクロオクタトリエンの相互変化についてはどうであろうか．同じ議論が成り立つが，共役二重結合の数の奇数，偶数によって HOMO, LUMO（すなわち，励起状態での HOMO'）の両端の位相が決るので，回転方向に違いが生じる．**共役している二重結合の数が奇数のとき〔広くいうと反応に関与する電子数が $4n+2$（n は整数）の場合〕，閉環・開環は，熱反応では逆旋的に起り，光反応では同旋的に起る．共役している二重結合の数が偶数のとき（$4n$ 電子系）の閉・開環は，熱反応では同旋的に，光反応では逆旋的に起る．**

(3) シグマトロピー転位

シグマトロピー転位とは，原子または原子団が，遊離することなく，共役系をまたいで新しい位置に移動する反応であり，次の式のように一般化される．

$$\underset{|}{\overset{R}{C}}-(C=C)_n \longrightarrow \overset{R}{C}\cdots(C)_{2n-1}\cdots C \longrightarrow (C=C)_n-\underset{|}{\overset{R}{C}}$$

(4-11)

まず，R を H とし，共役二重結合 3 個の場合を考える．H が移動するとき

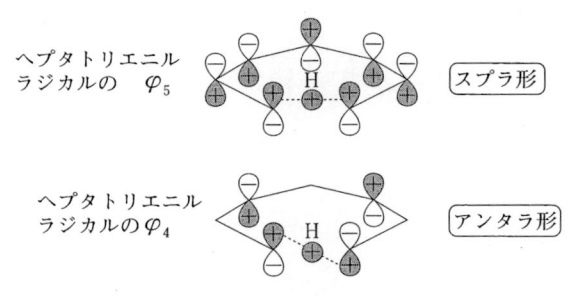

図 4.6 シグマトロピー転位の 2 タイプ

の遷移状態は (4-11) のようなものであろう．**図 4.6**を見よう．このときの炭素 7 個からできる共役系は，ヘプタトリエニルラジカルに類似したものと考えられる．その共役系が H を両側から抱きかかえるが，熱反応で主役となる φ_4 では，両端が逆位相なので H を逆側へまわって受け渡す〔**アンタラ形**（antarafacial）と呼ぶ〕．これに対し光反応では φ_5 に電子があり，φ_5 の位相が反応を決定する．φ_5 では両端の p 軌道の位相が同じなので，H は同じ側で受け渡される〔**スプラ形**（suprafacial）と呼ぶ〕．

以上の考察からわかるように，H の（協奏的な）シグマトロピー転位は，移動する共役系の距離（すなわち原子数）と共役系内の電子の数によって，その立体化学が異なる．まとめると以下のようになる．

	移動	熱反応	光反応
[1,3]	HC−C=C ⟶ C=C−CH	アンタラ形 (立体的な条件が満たされない ため，事実上起らない)	スプラ形
[1,5]	HC−C=C−C=C ⟶ C=C−C=C−CH	スプラ形	アンタラ形[a]
[1,7]	HC−C=C−C=C−C=C ⟶ C=C−C=C−C=C−CH	アンタラ形	スプラ形[b]

[a] アンタラ形の [1,5] シグマトロピー転位は立体的に困難．
[b] スプラ形の光 [1,3] シグマトロピー転位が 2 回つづけて起って，スプラ形の [1,7] シグマトロピー転位となることがある．

[1,3] 水素移動は，熱的にはアンタラ形で起るはずであるが，1,3-位間のような短い距離では，アンタラ形が要請するような 1-位の水素が 3-位の C の下

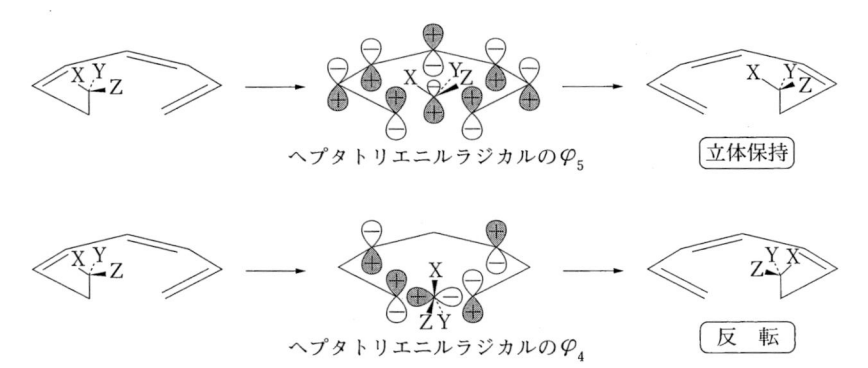

図4.7 シグマトロピー転位の立体保持と反転

側にもぐり込むような無理な形はとれない．したがって，熱的な[1,3]水素移動は事実上起らないことが予測され，実際にもその通りである．これに対して，光化学的な[1,3]水素移動はスプラ形で，実例も数多く知られている．

移動するものが水素でなくてアルキル基になると，事情が変る．アルキル基のCはsp^3軌道を用いることもできるし，またp軌道も使うことができるからである．立体的な条件からスプラ形の移動の方が容易であるが，スプラ形の移動をするために，アルキル基のCは場合に応じてsp^3軌道とp軌道を使いわけるのである．[1,7]移動について考えると，熱反応を支配するφ_4軌道は，1,7-位のp軌道の位相が逆である．この場合Cはp軌道を使うとスプラ形で移動できることになる．このとき，移動するCが不斉炭素であると立体配置の反転が起る．光反応を支配するφ_5は，両端のp軌道の位相が同じである．このときはsp^3軌道を用いればスプラ形で移動できる．この場合は立体配置が保持される（図4.7）．

表4.2 アルキル基のシグマトロピー転位

移動	熱反応		光反応	
		移動する基の立体配置		移動する基の立体配置
[1,3]	スプラ形	反転	スプラ形	保持
[1,5]	スプラ形	保持	スプラ形	反転
[1,7]	スプラ形	反転	スプラ形	保持
	（アンタラ形	保持）	（アンタラ形	反転）

以上,理論的な予想をまとめると,**表4.2**のようになる.

なおシグマトロピー転位については,[1,5]転位と,連続する2個の[1,3]転位との区別がつけにくく,法則の適用には注意しなければならない.

熱的な[1,3]シグマトロピー転位の例を一つあげる.

4.5 励起状態で酸化・還元力が増大することによって起る反応

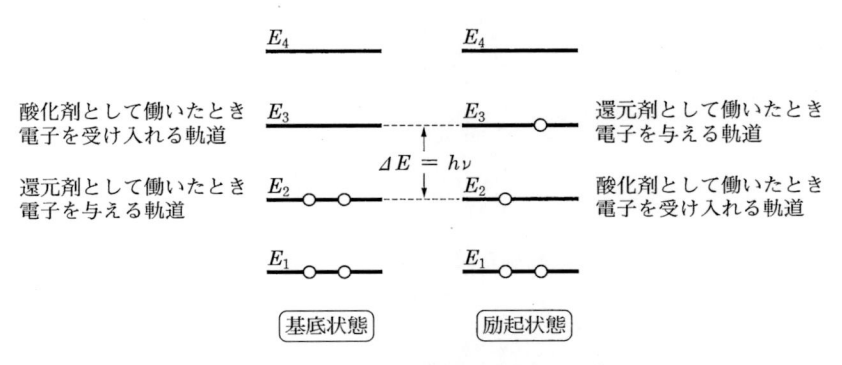

図4.8によって説明しよう.還元剤として他分子に電子を与える場合,最もエネルギーの高い電子が他分子に移されるであろう.基底状態では,それがE_2の電子であるのに,励起状態ではE_3の電子である.E_3の電子はE_2よりエネルギーが$\Delta E = E_3 - E_2$だけ高く,その分だけ還元力が大きい.第一近似では$\Delta E = h\nu$であるから,励起分子の還元力は基底状態より励起エネルギー分だけ高いことになる.酸化力についても同様のことが言え,励起状態は基底状態にくらべ励起エネルギー分だけ酸化力が強い.酸化・還元力は電位で表されるが,励起による電位の変化は500 nmの光励起で約2.5 V,250 nmなら約5

図4.8 励起による酸化力・還元力の変化

V である(この数値はエネルギー $E = h\nu$ を eV 単位に換算することによって得られる).Na^+ を還元し Na 金属にする場合の電位が $-2.71\,V$ にすぎないことを考えると,励起による電位(すなわち酸化・還元力)の変化は,かなり大きいものであることがわかる.

一つの例は,トリス (2,2′-ビピリジン) ルテニウム (II) ($[Ru(bpy)_3]^{2+}$) によるメチルビオローゲンの光還元である.この光反応は太陽エネルギーを H_2 生産という化学エネルギーへ変換するための過程として注目されている.

$$[Ru(bpy)_3]^{2+}$$

メチルビオローゲン (MV^{2+})

$$[Ru(bpy)_3]^{2+} \xrightarrow{h\nu} ([Ru(bpy)_3]^{2+})^*$$

$$([Ru(bpy)_3]^{2+})^* + MV^{2+} \longrightarrow [Ru(bpy)_3]^{3+} + MV^{+\cdot}$$

$$2MV^{+\cdot} + 2H^+ \xrightarrow{Pt触媒} 2MV^{2+} + H_2$$

なお,強力な還元剤 (Red) が存在するときは,励起された錯体 $([Ru(bpy)_3]^{2+})^*$ の還元が先行する次の過程も示唆されている.

$$([Ru(bpy)_3]^{2+})^* + \underset{還元剤}{Red} \longrightarrow [Ru(bpy)_3]^+ + Red^{+\cdot}$$

$$[Ru(bpy)_3]^+ + MV^{2+} \longrightarrow [Ru(bpy)_3]^{2+} + MV^{+\cdot}$$

4.6 カルボニル基の励起状態と光反応の多様性

カルボニル基の励起状態と光反応性は多彩で,4.4.1 項につけ加えていくつかのことを書いておかなければならない.

4.6.1 水素引き抜き

まず，n-π* による水素引き抜きであるが，ここでも，>C=O の置かれた環境によって反応が変ってしまうことがある．

o-メチルベンゾフェノンでは，次の型の光-熱互変異性化が特徴である．

o-ヒドロキシベンゾフェノンでも類似の現象が起こる．

o-ヒドロキシベンゾフェノン（あるいはその誘導体）は，プラスチックの添加剤として用いられ，プラスチックの光劣化を防止する．この作用は，添加剤が外から来る光を優先して吸収した上，光による分子内水素引き抜き → 熱的異性化によるもとの物質の再生 のサイクルによって，光エネルギーを熱エネルギーに変換し，実質的な反応を起さないようにすることで，プラスチックの光分解を阻止してしまうことにある．

4.6.2 Norrish Type II 反応

Norrish の Type II と呼ばれている光分解反応も，励起カルボニルによる分子内水素引き抜きが引金になって起る．

この反応の機構には協奏反応も考えられるが，実際にはラジカルを経由することが，光学活性の (S)-(+)-4-メチル-1-フェニル-1-ヘキサノンを用いるこ

とによってわかった．ここでは，光照射によって原料のラセミ化が起るが，それが不斉炭素上でのラジカル生成を示すからである．なお，この化合物の光反応では環化反応も同時に起る．

4.6.3 n-π*，π-π*，電荷移動状態

ホルムアルデヒドやベンゾフェノンでは最もエネルギーの低い励起三重項状態は ^{3}(n-π*) であるが，ベンゾフェノンのベンゼン環にフェニル基やアミノ基のような置換基が入ると，最低励起三重項は ^{3}(n-π*) ではなくなってしまう．

p-フェニルベンゾフェノン (4-12)，2-アセチルナフタレン (4-13)，フルオレノン (4-14) のように共役系が長い分子では，^{3}(π-π*) が ^{3}(n-π*) よりエネル

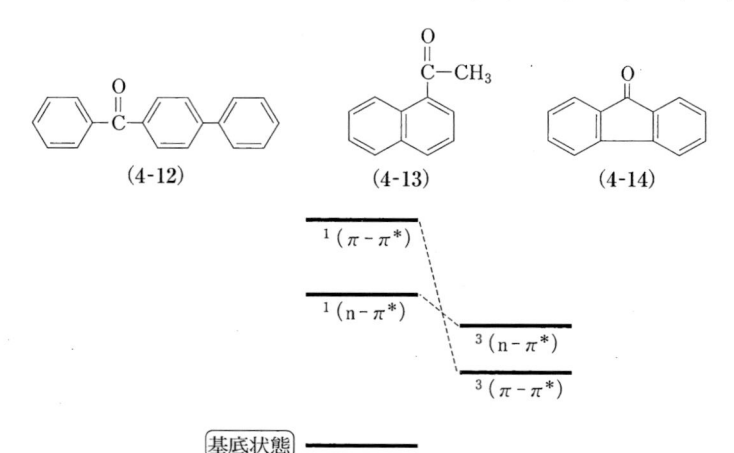

図4.9 p-フェニルベンゾフェノンなどのエネルギー準位

ギーの低い状態になる．これは，一重項と三重項とのエネルギー差が，π-π^*の方が n-π^* より大きく，一重項での π-π^* に対する n-π^* の優位が，三重項では必ずしも守られないからである（**図 4.9**）．

$^3(\pi$-$\pi^*)$ の分子はもはや $-$O$\cdot$ ラジカルの性質を持たないので，水素引き抜き，付加の能力は $^3($n-$\pi^*)$ の約 10 分の 1 くらいに低下してしまう．

ベンゾフェノンの環にアミノ基のような大きな電子供与能を持つ場合の最もエネルギーの低い三重項励起状態は，次式に書くような電荷移動状態となる．

$$H_2\overset{\oplus}{N}-\!\!\!\!\!\!\bigcirc\!\!\!\!\!\!=\overset{O^{\ominus}}{\underset{|}{C}}-\bigcirc$$

この励起状態は，水素引き抜きの能力をほとんど持たない．

これまでは，主として有機分子の励起状態について考察してきた．ここで，金属錯体の励起状態と光反応について考えてみよう．というのも，自然界最大の光反応である光合成を行っているクロロフィルはポルフィリンのマグネシウム錯体であり，金属錯体は，それをお手本にする人工光合成においても，光の捕集，電子の発生に活躍する．金属錯体の光反応では配位不飽和な反応活性種が作り出されることが多く，その触媒作用への期待も大きい．また，金属錯体を用いると，電気伝導性，磁性などの物理的機能性の光による制御が可能になる．光機能性に基づくデバイスやセンサーの多くも金属錯体を利用している．

金属錯体の励起状態は単純な有機分子のそれより多様であり，次のように分類される．

① 金属（イオン）に局在した励起（ligand field excitation：LF 励起）：遷移金属だと d-d，f-f 遷移が重要である．

② 配位子に局在した励起（intraligand excitation：IL 励起）

③ 金属－配位子間に電子移動がある励起で，電子の動く方向によって二つの場合がある．

　③-1 金属 → 配位子〔metal to ligand charge (electron) transfer：MLCT〕

　③-2 配位子 → 金属〔ligand to metal charge (electron) transfer：LMCT〕

③′金属錯体－溶媒間に電子移動がある励起（一種の光電効果）

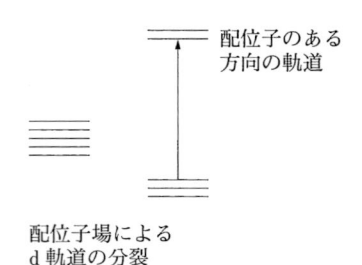

配位子場による
d 軌道の分裂

　　　　　　配位子のある
　　　　　　方向の軌道

　LF 励起では配位子の脱離が起りやすい．このことを，Co, Ni などの d 軌道について説明しよう．金属原子の d 軌道（5 個ある）は配位子の陰電荷によって配位子方向の軌道のエネルギーが高くなる（正八面体 6 配位の場合，エネルギーの低い 3 個の軌道とエネルギーの高い 2 個の軌道に分かれる）．基底状態では，配位子を避けた方向の軌道に電子が入る．LF 励起によって電子が配位子方向の軌道に入ると配位子の陰電荷を反発し，配位子が離れていく．

　p.13 の式の場合のように，光反応と熱反応で脱離する配位子が異なる場合があり，この選択性の違いは金属錯体化学の中での光反応の価値を高めている．配位子を失った金属は配位不飽和で種々の配位子と結合でき，新しい錯体を作る鍵物質になる（結果として置換反応が起ることになる）．また配位不飽和種は触媒作用を示すことも多い．

　$Fe(CO)_5$ の光反応で作られる $Fe(CO)_4$ は配位不飽和で反応性が高い．配位不飽和種は様々な分子を配位子として取り込み，新規錯体の合成に活躍する．また，配位不飽和種は触媒にもなる．$Fe(CO)_4$ はアルケンの *cis-trans* 異性化の強力な触媒として働く．

　光反応の特徴の一つは，これらの配位不飽和種を室温あるいは低温でも作り出せることである．

　IL 励起については説明の必要はないであろう．

　電子移動を伴う CT 励起には，金属の軌道にあった電子が配位子の軌道に移る MLCT とその反対の LMCT とがあるが，ともに応用が広い．Grätzel 電池の電子発生に用いられているのも金属錯体である（本章コラム参照）．

　MLCT は低酸化状態の金属で，LMCT は高酸化状態の金属で起りやすい．

　よく研究されている金属錯体として，ポルフィリンの他に 2,2′-ビピリジン金属錯体（特にルテニウム錯体；Grätzel 電池に使われているテルピリジン錯

4.6 カルボニル基の励起状態と光反応の多様性

体はその類縁種である）がある．三重項励起状態のトリス（2,2′-ビピリジン）ルテニウム（II）は，相手になる分子の酸化還元電位と三重項エネルギーの高さとの関連で，電子供与（還元），電子受容（酸化），エネルギー移動（三重項増感），自発的な発光（りん光）を示す．

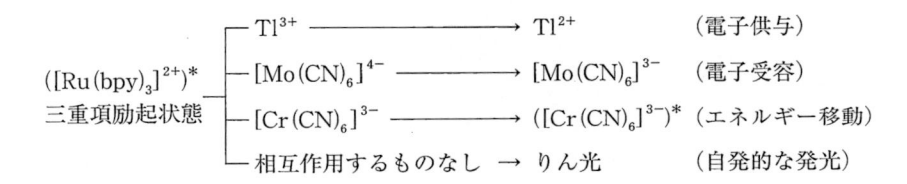

$$
([Ru(bpy)_3]^{2+})^* \begin{cases} Tl^{3+} \longrightarrow Tl^{2+} & （電子供与） \\ [Mo(CN)_6]^{4-} \longrightarrow [Mo(CN)_6]^{3-} & （電子受容） \\ [Cr(CN)_6]^{3-} \longrightarrow ([Cr(CN)_6]^{3-})^* & （エネルギー移動） \\ 相互作用するものなし \rightarrow りん光 & （自発的な発光） \end{cases}
$$

三重項励起状態

光励起によって電子が溶媒にまで飛ばされるのが CTTS (charge transfer to solvent) である．$[Fe(CN)_6]^{4-}$ 水溶液の紫外光照射では水和電子が発生する．CTTS は光電効果の一種と考えられる．

光物理的機能性が注目される材料にも金属錯体が有力である．EL には 8-キノリノール錯体などが利用される（エレクトロルミネッセンス；第 15 章参照）．

▶▶コラム ・・✦✧◆◇◆ ◇ ◆

Grätzel 電池

二酸化チタンを"光触媒"とは違ったメカニズムで使って光－電気エネルギー変換を実現したのが Grätzel 電池である．その構造を模式図に示す．

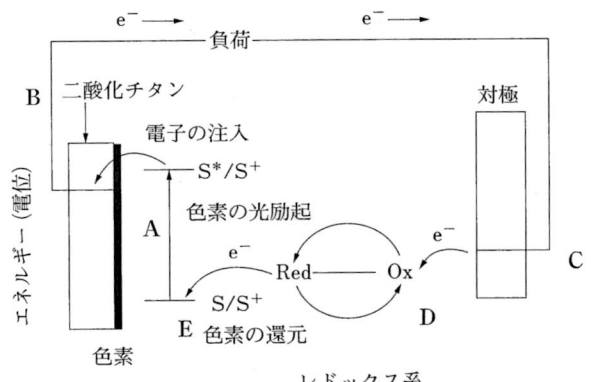

太陽光を吸収して電子を放出する特性を持った色素を二酸化チタンに付けたものを陰極にする（そのために多孔質の二酸化チタンを使う）。光があたると色素は励起され (A)，電子を二酸化チタンの伝導帯に注入する (B)（そのためには発生する電子の電位が伝導帯の電位より高い必要がある）。エネルギーの高い電子は導線を通って仕事をし，エネルギーを失って対極に達する (C)。対極の電子はレドックス系 ($1/2 I_2 \leftrightarrows I^-$ のような系) に移り (D)，最終的に B の過程で電子を失っている色素分子に電子を与え (E) サイクルが一回りする。電子が陰極から陽極に動くときにする仕事は光起電力である。ここで二酸化チタンは電子の受け手，運び手として働いているのであって光化学過程には関与していない。

色素としては，現在，図のようなルテニウム錯体がよい性能を示すとされているが，よりよいものを目指して開発競争が続いている。

tctpy ＝ 4,4′,4″-tricarboxy-2,2′：6′,2″-terpyridine

問題となるのは，エネルギー変換効率，耐久性，価格であるが，エネルギー変換効率では 12％ に達しており，耐久性もよく，高価な単結晶シリコンを使わなくてよいので経済性にもすぐれ，実用化に向けての研究が進んでいる。

ただルテニウムの資源量が限られていることからエネルギー問題解決の切り札にはなり難いとの指摘もあり，新たな材料開発の必要もあろう。

第5章　光(誘起)電子移動

　普通の有機分子が200 nm以上の波長の光を吸収した場合,電子はエネルギーの低い内側の軌道からエネルギーの高い外側の(電子の詰っていない空の)軌道へとたたき上げられるだけなので,分子はイオン化しない.電子を,原子核の正電荷の影響の届かない遠距離にまで引き離し分子をイオン化するためには,イオン化ポテンシャルより大きなエネルギーを分子に加える必要がある.これを光エネルギーの形で与えるとすれば,一般には120 nm以下の波長の光(10 eV以上のエネルギー)が必要である.

　200 nm以下の短波長光はO_2, H_2Oなども含め,あらゆる種類の物質に吸収されてしまうので,この波長領域の光を取り出し,特定の物質に照射する実験には高度の技術が要求され,有機化学者が簡単にとりつけるような状況にはなっていない.

　分子が単独で存在している場合の光イオン化は困難であっても,2種類の分子の間で適当な組合せを作れば,二つの分子間での電子移動が起り,200 nm以上の長波長光によってイオン化を起すことができるようになる.**光(誘起)電子移動**[†]により,新しい型の反応が続々と見出された.またこれまでに知られていた光反応でも,電子移動過程が重要な役割を担っていることがわかってきた例も多い(植物の光合成にも光電子移動は重要な役割を果している).光電子移動は,光化学における触媒反応の一つとして非常に重要なものになってきた.この点については第6章で述べる.

[†] 光誘起電子移動と光電子移動とは,光反応を対象とする光化学の分野では区別されないで使われる(光電子移動の方がよく用いられる).しかし,光電子移動は少し誤解を生みやすい表現である.すなわち,光-電子移動(光によって誘起される電子移動)なのか,光電子-移動(光電効果などによって作られた電子の移動)なのかがわからない.光物性の分野では後者の意味で使われることもあろう.以下,本章では誤解の起こらない範囲で前者の意味で光電子移動という用語を使う.

5.1 ● 光 (誘起) 電子移動の起りかた

　光電子移動は，電子供与性分子と電子受容性分子を組み合せ，光照射することによって起る．基底状態・励起状態での錯体形成 (5.2, 5.3節で後述) などの過程を含まない最も単純なモデルを図5.1に示した．電子供与体D，電子受容体Aの被占・空軌道のエネルギー準位が図5.1のようであるとすれば，電子供与体の励起によっても，電子受容体の励起によっても，電子受容体の陰イオンA^{-}，電子供与体の陽イオンD^{+}が生成する．

$$D + A \xrightarrow{h\nu} D^{+} + A^{-}$$

　ここで注意したいことは，陽・陰両イオンとも，ナトリウムイオンや塩化物イオンと異なり，不対電子を持つラジカルイオンであることである．ラジカルイオンは不対電子を持つために不安定で，それ自身が反応するとともに，電子

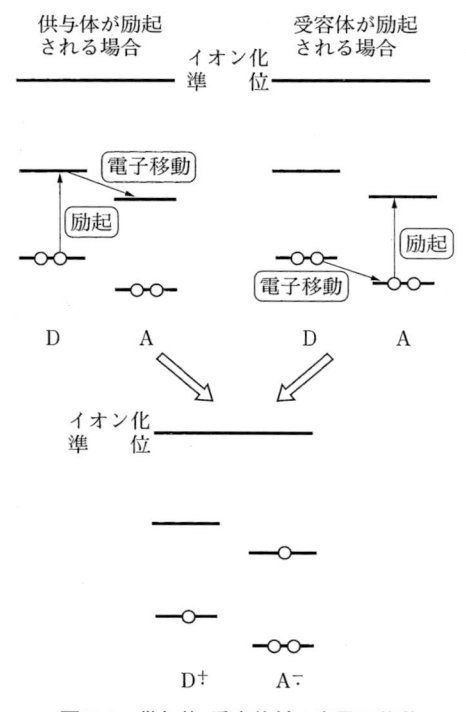

図5.1　供与体−受容体対の光電子移動

の授受を通じて他の分子の反応をも引き起すことができる．

2分子間での光電子移動（電子の授受）には，次のような場合がある．

① 基底状態で会合して生成している供与体-受容体の**電荷移動錯体**（charge transfer complex；**CT錯体**）の光励起によって電荷の分離が起る場合．

$$\text{D} + \text{A} \underset{\text{供与体 \ \ 受容体}}{\rightleftarrows} \underset{\substack{\text{基底状態での}\\\text{電荷移動錯体}}}{(\text{D}\cdots\text{A})} \xrightarrow{h\nu} \underset{\substack{\text{励起された}\\\text{電荷移動錯体}}}{(\text{D}\cdots\text{A})^*} \longrightarrow \text{D}^{\dotplus} + \text{A}^{\dotminus}$$

② 基底状態では相互作用を持たない分子が，励起状態で電子の授受を行う場合．この場合は，さらに，電子の授受を行う2分子が会合体を作る場合と，会合体を作らない場合に分類される．

②-1 励起状態での会合体〔**エキシプレックス**（exciplex = excited complex）〕を作る場合．

$$\left.\begin{array}{c}\text{D}^* + \text{A}\\\text{あるいは}\\\text{D} + \text{A}^*\end{array}\right\} \longrightarrow \underset{\text{エキシプレックス}}{(\text{D}\cdots\text{A})^*} \longrightarrow \text{D}^{\dotplus} + \text{A}^{\dotminus}$$

②-2 励起分子と基底状態の分子がすれ違いざまに（すなわち，会合体を作らずに）電子の授受を行う場合．

$$\left.\begin{array}{c}\text{D}^* + \text{A}\\\text{あるいは}\\\text{D} + \text{A}^*\end{array}\right\} \longrightarrow \text{D}^{\dotplus} + \text{A}^{\dotminus}$$

②-3 ②-1と②-2の中間で，はっきりした会合体は確認できないものの，衝突時ほんのわずかな時間だけ会合した状態にあると考えられる"衝突錯体（encounter complex）"が想定される場合もある．

①，②の他，ヨウ化物イオンなどの特別な場合には，200〜300 nm程度の紫外光照射で電子がたたき出されることがある．

$$\text{I}^- \xrightarrow{h\nu} \text{I}\cdot + \text{e}^-$$

5.2 ● 基底状態での電荷移動錯体の生成と励起によるイオン化

(1) 基底状態での電荷移動錯体の生成

　2種類の化合物を混合すると急に色が変化し，一定の割合で二つの成分を含む"分子錯体"が生成する場合がある．古くから知られているピクラート〔ピクリン酸(2,4,6-トリニトロフェノール)と芳香族炭化水素との間で生成する分子錯体〕もその一つである．これらは，適当な条件では容易に原料の化合物に解離するため，二つの成分間で結合の組換え，つまり反応が起って生成したものではなく，弱い相互作用で成分分子が結びついている一種の複合体であると考えられている．このような"分子錯体"は，電子供与性の分子Dと電子受容性の分子Aとの組合せで生成することが多い．このような場合，"分子錯体"は電子供与体から受容体へ電子の一部が移って，お互いが静電力で結びつけられた複合体 (錯体) であることが明らかになってきた．これが**電荷移動錯体** (charge transfer complex. 略して **CT錯体**，あるいは donor-acceptor complex) と呼ばれるものである．電荷移動錯体は次の共鳴によって，その性格が記述される．

$$(D\ \ A) \longleftrightarrow (D^+\ \ A^-)$$

〔以後，$(D^{\delta+}\cdots A^{\delta-})$ として表現することにする〕

電荷移動錯体と遊離の成分との間には平衡が存在する．

$$D + A \rightleftarrows (D^{\delta+}\cdots A^{\delta-})$$

電荷移動錯体の中には，平衡が右に偏っていてピクラートのように一定モル比で構成される"分子錯体"として析出してくるものもあるが，溶液中でのみ存在し，また平衡が左に偏っていて，うすい濃度でしか存在しないものもある．

　電荷移動錯体は，その構成成分と異なった光吸収 (一般には成分のいずれよりも長波長) を持つことが多く (これが電荷移動錯体の生成による発色・変色の原因である)，吸収スペクトルの測定によって，溶液の中にわずかしか存在していない電荷移動錯体を確認することができる．

　代表的な電荷移動錯体を**表5.1**にまとめた．

5.2 基底状態での電荷移動錯体の生成と励起によるイオン化

表 5.1 電荷移動錯体の例

成分		電荷移動錯体の吸収 λ_{max}/nm	溶媒
電子供与体	電子受容体		
ベンゼン	I_2	292	CCl_4
ベンゼン	$(NC)_2C=C(CN)_2$	384	$CHCl_3$
ベンゼン	1,3,5-トリニトロベンゼン	284	$CHCl_3$
ベンゼン	テトラシアノベンゼン	308	ベンゼン
ヘキサメチルベンゼン	テトラシアノベンゼン	426	シクロヘキサン
ベンゼン	無水マレイン酸	270〜350	ベンゼン
フェロセン	CCl_4	〜310	CCl_4

(2) 電荷移動錯体の光励起

電荷移動錯体の電子状態は，二つの極限構造 (D A), (D$^+$ A$^-$) の共鳴で表される．

(D A), (D$^+$ A$^-$) に対応する波動関数を $\varphi_{(DA)}$, $\varphi_{(D^+A^-)}$ とすると，実際の電荷移動錯体の基底状態の波動関数 Ψ は $\varphi_{(DA)}$, $\varphi_{(D^+A^-)}$ の線形結合として次のように書かれる．

$$\Psi = a\varphi_{(DA)} + b\varphi_{(D^+A^-)}$$

b/a が大きいほど，錯体の電荷移動の程度が大きいことを意味する．一方，励起状態の波動関数 Ψ^* は，一般に

$$\Psi^* = b\varphi_{(DA)} - a\varphi_{(D^+A^-)}$$

というように，基底状態の Ψ の場合の係数 a, b を入れかえ符号を反転させた形をしている．このことは，基底状態では電荷分離の度合が小さい電荷移動錯体も，励起すると強く電荷分離し，イオンを与える可能性のあることを示している．

5.3 ● 励起錯体 ―エキシマーとエキシプレックス―
(1) 励起錯体の生成

励起された分子が，他の基底状態の分子と複合体を作る場合がある．励起されている分子と，そのパートナーとなる基底状態の分子が同種のものであるとき，励起状態での複合体(励起錯体)を**エキシマー**(excimer = excited dimer)と呼び，励起分子と，それと相互作用する基底状態の分子が異なっている場合の励起錯体を**エキシプレックス**(exciplex．エキサイプレックスとも)と呼ぶ．

$$M^* + M \rightleftarrows \underset{\text{エキシマー}}{(M\cdots M)^*}$$

$$M^* + N \rightleftarrows \underset{\text{エキシプレックス}}{(M\cdots N)^*}$$

エキシマー，エキシプレックスは励起状態でのみ存在し得る複合体のことで，前節で述べた基底状態での電荷移動錯体とはっきり区別される．励起錯体は，励起状態ではその構成成分と平衡で存在するが，励起エネルギーを失うと完全に解離してしまう．

励起状態の寿命は短いものだから，励起錯体もごく短い寿命しか持たない存在である．このような活性種の存在が確認されるのは，主に発光の観測結果からである．

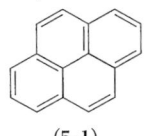

ピレン (5-1) の蛍光には微細構造を持つ 400 nm 付近のものと，長波長領域 (470 nm) に現れるなだらかなものがある (図 5.2)．重要な知見は，この二つの発光の相対強度がピレンの濃度によって変わることで，ピレン濃度が高くなると短波長側の蛍光が減り，長波長側の蛍光が増す．この事実の解析から，短波長側の蛍光は励起ピレンモノマーから，長波長側の蛍光はピレンの励起二量体(エキ

5.3 励起錯体—エキシマーとエキシプレックス—

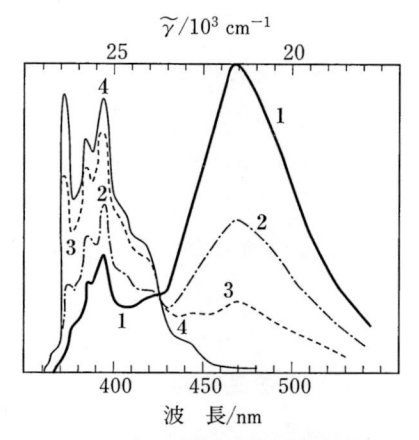

図5.2 ピレンの蛍光における濃度依存性
（エタノール溶液中）
1：[ピレン] = 3×10^{-3} mol L^{-1}
2：[ピレン] = 1×10^{-3} mol L^{-1}
3：[ピレン] = 3×10^{-4} mol L^{-1}
4：[ピレン] = 2×10^{-6} mol L^{-1}

シマー）から発せられると結論された．

アントラセンにおいては，77 K ではエキシマーの蛍光が観察されるが，常温では蛍光が見られない．その代り反応が起って，9,10-位でつながった二量体が生成する．このことは，エキシマーが発光しないで反応したことを示しているとともに，エキシマーが二つのアントラセン環の重なり合った構造を持つものであろうことをも推定させる．

励起錯体において，2個の分子をつなぎ止めておく原因となる力は何であろうか？ エキシマーにおいては

$$(M^* \cdots M) \longleftrightarrow (M \cdots M^*) \longleftrightarrow (M^+ \cdots M^-) \longleftrightarrow (M^- \cdots M^+)$$

の共鳴が重要である．これらの電子交換の相互作用によって，2分子間に引力が生ずる．一方，供与体 D，受容体 A からできるエキシプレックスの場合には，極性の極限構造 $(D^+ \cdots A^-)$ が重要な寄与をし，静電的な引力が2分子会合の原因である．

$$(D^* \cdots A) \longleftrightarrow (D \cdots A^*) \longleftrightarrow (D^+ \cdots A^-)$$

(2) エキシプレックスを経由する電子移動

エキシプレックスは，励起状態の分子が異なった種類の基底状態の分子と会合して生ずるが，一方の分子から他の分子へ電子が流れ，イオン対のような状態にある．ここで生じる正負の電荷が会合状態を作り出す．しかし，エキシプレックスは完全にイオン化しているわけではなく，溶媒和されたラジカルイオン対とは区別されねばならない．励起からイオン化に至る過程は次のように書かれる．

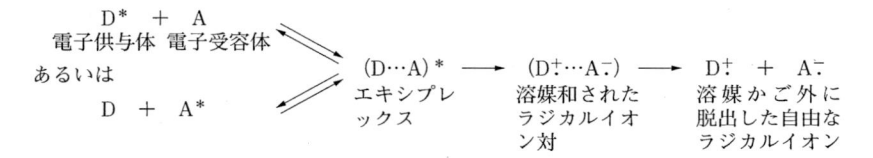

$$\begin{array}{c} D^* + A \\ \text{電子供与体 電子受容体} \\ \text{あるいは} \\ D + A^* \end{array} \rightleftarrows (D \cdots A)^* \longrightarrow (D^+ \cdots A^-) \longrightarrow D^+ + A^-$$

エキシプレ 溶媒和された 溶媒かご外に
ックス ラジカルイオ 脱出した自由な
 ン対 ラジカルイオン

エキシプレックスは基底状態での電荷移動錯体と異なり，励起状態でのみ存在するものなので，受容体-供与体を混合しただけでは生成せず，したがって，混合によるスペクトル変化ではその存在を確認することはできない．励起錯体の存在の証拠は，励起状態の物性によらなければならない．その一つが発光である．エキシプレックスが生成している場合，その成分と異なった波長領域（通常は長波長側）に発光が観測されることがあり，これが励起状態での錯体生成の証拠となる．発光性のエキシプレックスの代表例を**表**5.2に掲げた．しかし，エキシプレックスは常に発光性とは限らず，反応の解析によってエキシプレックスが生成していることが推定されることもしばしばである．

表5.2 発光性エキシプレックスの例

成分		エキシプレックス	
電子供与体	電子受容体	蛍光波長 /mm	溶媒
$(C_2H_5)_3N$	ナフタレン	497	$(C_2H_5)_3N$
$(C_2H_5)_3N$	アントラセン	435	$(C_2H_5)_3N$
$(C_2H_5)_2N-C_6H_5$	ナフタレン	427	$(C_2H_5)_2N-C_6H_5$
ナフタレン	9,10-ジシアノアントラセン	483	$CH_3-C_6H_{11}$
$(C_2H_5)_2N-C_6H_5$	ピレン	450	$CH_3-C_6H_{11}$
ピレン	$NC-C_6H_4-CN$	439	$CH_3-C_6H_5$

(電子移動型)エキシプレックス生成の可能性を,エネルギー的に考察したものに,Rehm-Wellerの式がある.エキシプレックス生成のエンタルピー変化 $\Delta H°$ は,電子供与性分子 D のイオン化ポテンシャル I_p,電子受容性分子 A の電子親和力 E_a,励起エネルギー $E_{0-0}(M^*)$,エキシプレックス内での $D^{\pm}A^{\mp}$ の静電エネルギー C(クーロン項),溶媒和エンタルピー変化 ΔH_{solv} によって次の式で表される.

$$\Delta H° = I_p - E_a - C - E_{0-0}(M^*) + \Delta H_{solv}$$

$I_p - E_a$ は,電子を D から A へ移すのに必要なエネルギーである(図5.3).そのエネルギーが励起エネルギーとクーロンエネルギーによって供給されれば,エキシプレックスの生成が熱力学的に許されることになる(ΔH_{solv} は原

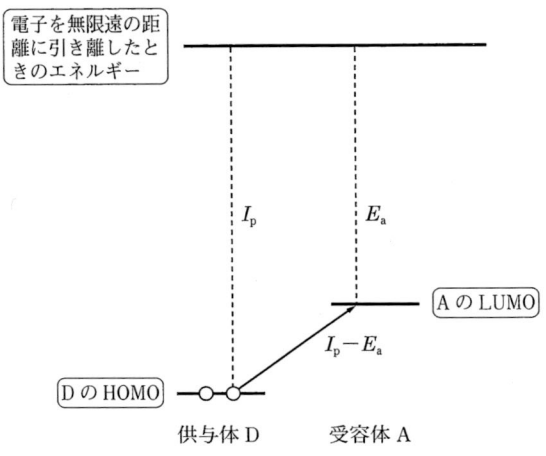

```
         電子を無限遠の距
         離に引き離したと ──────────────────────────
         きのエネルギー
                                  ┊          ┊
                                  ┊          ┊
                                  $I_p$       $E_a$
                                  ┊          ┊
                                  ┊          ┊
                                  ┊     ─────────── [A の LUMO]
                                  ┊    ╱
                                  ┊   $I_p - E_a$
                    [D の HOMO] ───○○
                              供与体 D       受容体 A
```

図5.3 エキシプレックス生成のエネルギー的考察

系，生成系の溶媒和エネルギーの差に基づく補正項)．したがって，$\Delta H° < 0$ なら（電子移動型）エキシプレックスの生成が可能であり，$\Delta H° > 0$ ならエキシプレックスの生成が不可能であると判断される．

5.4 光電子移動によって起る反応

基底状態での電荷移動錯体の励起によるにせよ，エキシプレックスを経由する電子移動によるにせよ，この型の光反応は，まずラジカルイオン対を生み出す．この一対のラジカルイオンは両者ともに不対電子を持っていて反応性が高い上，溶媒かごの中に閉じこめられているので，対になったラジカルイオンの間で反応が起りやすい．ラジカルイオンの一部は溶媒かごから脱出し，自由なラジカルイオンとして活動する．

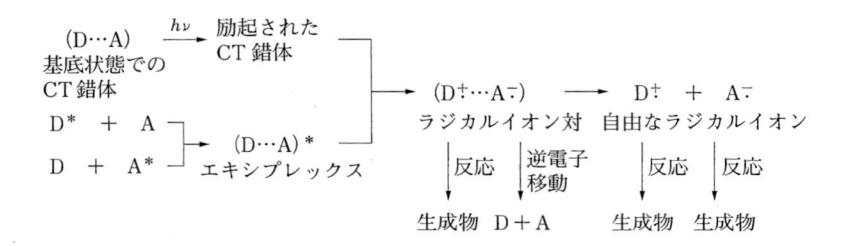

```
  (D…A)      $h\nu$   励起された
  基底状態での  ───→   CT 錯体  ┐
  CT 錯体                     │
                              ├──→ (D⁺…A⁻) ──→ D⁺ + A⁻
  D* + A                      │    ラジカルイオン対  自由なラジカルイオン
         ┐→ (D…A)*            │
  D + A* ┘   エキシプレックス  ┘     │反応   │逆電子    │反応   │反応
                                                 移動
                                  生成物 D+A   生成物  生成物
```

対になったラジカルイオンのかご内での反応の主なものは

①-1 逆電子移動による原料の再生

①-2 ラジカルの結合

①-3 ラジカルイオンの単分子的反応（異性化，分解など）

である．かご外に出た自由なラジカルイオンは，共存する分子と種々の反応をする．次のような反応が重要であろう．

②-1 電子移動

②-2 溶媒・溶質への付加

②-3 溶媒・溶質からの原子引き抜き

②-4 異性化，分解（これらの反応は，その反応が速い場合はかご内でも起る）

以下で，電荷移動錯体の光反応，エキシプレックスを経由する光反応を具体的に見ていこう．

(1) 基底状態で生成している電荷移動錯体の光反応

代表的なものとして，トルエン（電子供与体）と 1,2,4,5-テトラシアノベンゼン（電子受容体）との電荷移動錯体の光反応を例にあげよう．

この二つの化合物を混ぜると，成分にはなかった波長 308 nm の吸収が生じる．これは基底状態で生成している CT 錯体に基づくものである．この吸収帯に合致する波長の光を照射すると電子移動を経て，次ページ上のような $CN \longrightarrow CH_2Ph$ 置換反応が起る．

(2) エキシプレックスを経由する光反応

エキシプレックスの関与が確認（エキシプレックス発光の観測と解析），あるいは推定（発光などの直接証明はないものの，速度論的解析などによって）された光反応は非常に多数にのぼる．

[2+2]，[4+4] の付加環化反応[†] は，Woodward-Hoffmann 則で光化学的に許容であり，協奏的に進行することも可能であるが，電子供与体-受容体の

[†] [2+2] 付加環化反応の考察を拡張すると，[4+4] 付加環化が光化学的に許容であることがわかる．

組合せの場合は，エキシプレックスの関与したラジカルイオン機構で起る場合も少なくない[†]．

アネトール（電子供与体）と 9-シアノアントラセン（電子受容体）との光反応では，[2＋2] 付加環化が起る．

この反応がエキシプレックスを経由して起っていることは，エキシプレックスの発光が見られること，さらにアセチレンジカルボン酸ジメチルがエキシプレックスの発光を消光すると同時に，付加環化反応をも阻害する（その速度は同じ）ことによって証明された．

ハロゲン化合物は，電子受容体としてエキシプレックスを作りやすく，エキシプレックスを経由した置換反応が合成化学的意味を持つものがある．次の例

[†] 基底状態での CT 錯体経由の場合もある．

5.4 光電子移動によって起る反応

は分子内エキシプレックスを経由する環合成である.

エキシプレックスを中間体とする光付加環化反応は，1段階の協奏反応ではないので，Woodward-Hoffmann 則が破れ，[2＋4] の光環化が起ることがある.

第6章 増　感
― 光化学における触媒 ―

　光反応においても，触媒的な作用を果す物質があることが知られている．例えば，可視光に対して透明な無色の化合物 M があったとしよう．この物質は可視光を透過してしまうので，可視光を照射していても反応が起らない．しかし，ある種の可視光を吸収する物質 S を加えて光を照射したとき，光の受け手である S に変化がなく，可視光に透明な M だけに化学変化が起ることがある．この場合，S は光反応の触媒として働いているといえる．また，化合物 M が光を吸収していても反応が起らないとき，第二の物質 S を加えることによって反応が起ることもある．M が光反応する場合でも，S が存在すると反応がすっかり変ってしまう場合もあろう．これらにおいても，S は光反応の中で触媒になっている．光反応の促進 (**増感**[†1]) にはいろいろな姿がある．

　反応の促進とは逆に，ある種の物質が光反応を阻害することがある．この "quenching"（本書では**脱励起**あるいは消光を訳語としてあてることにする[†2]．光反応における負の触媒作用）は，物質の光劣化防止（身近なものでは日焼け止めを思い出していただくとよいだろう）という実用的に重要な問題と関連している．

　本章では，増感および脱励起の基本を扱う．さらに，日本で発見され，その応用がめざましい，半導体光触媒についても解説しておこう．

6.1 ● 光増感の視点のいろいろ

　光反応における触媒作用は，いくつかの異なった観点から分類することができる．

[†1] 触媒による光反応の促進を増感 (sensitization) と呼ぶ．この言葉は写真の用語で，写真の感度を高めることから発している．
[†2] "消光"という語はある物質の示す蛍光・りん光が添加物によって失われることを意味する．同じ quenching が光反応阻害という意味に拡張されたが，その訳語として脱励起あるいは失活を用いることにする．失活は deactivation の訳語としても用いられる．

① 触媒作用が反応の
　①-1 促進か？
　①-2 阻害か？
② 触媒と反応物との間で受け渡されるのは
　②-1 励起エネルギーか？
　②-2 電子か？
③ 受け渡しが
　③-1 触媒と反応物の衝突で一瞬に起るか？
　③-2 触媒と反応物の会合体（エキシマー，エキシプレックスのような励起錯体）の生成を通して起るか？
　③-3 励起エネルギー移動の場合は，上の二つに加えて，遠く離れた分子に直接移るか？
④ 励起エネルギー移動の場合，励起状態の多重度が
　④-1 一重項であるか？
　④-2 三重項であるか？

これらの分類は異なった視点からなされており，一つの現象をこれらの一つ一つにあてはめて考察する必要がある．したがって

　　ベンゾフェノンによる *trans*-スチルベンの *cis*-スチルベンへの光異性化の**促進**は，ベンゾフェノンの**三重項励起エネルギー**が**衝突**によって *trans*-スチルベンに移動することによって起る

という表現になる．

以下では，触媒と反応物との間で何が受け渡されているかという観点に立って節を設け，説明を進めることにする．

6.2 励起エネルギーの移動

光反応の促進・阻害が，励起エネルギーの移動によって起ることがある．光を吸収しながら自身は反応せず，他の分子 M に反応を起させる増感剤を S とする．励起エネルギーの移動とは，M が S^* からエネルギーを受け取り M^* と

いう励起状態になると同時に，S^* が基底状態に戻る過程 (6.2) である．

$$S \xrightarrow{h\nu} S^* \tag{6.1}$$

$$S^* + M \longrightarrow S + M^* \tag{6.2}$$

エネルギー移動が起るためには，エネルギー供与体の励起エネルギーが受容体の励起エネルギーより大きいことが必要であることはもちろんだが，その他にもいくつかの制約がある．

制約の最も大きいものはスピンに関するもので，全スピン角モーメントが過程の前後で変化しないというものである（**Wignerのスピン保存則**）．例えば，三重項と一重項の相互作用では次の場合が可能である．

$$\begin{array}{l} 三重項 \quad s=1 \\ + \\ 一重項 \quad s=0 \end{array} \longrightarrow \begin{cases} (a) \quad \begin{array}{l} 一重項 \quad s=0 \\ + \\ 三重項 \quad s=1 \end{array} \\ (b) \quad \begin{array}{l} 二重項 \quad s=1/2 \\ + \\ 二重項 \quad s=1/2 \end{array} \\ (c) \quad 三重項 \quad s=1 \\ (d) \quad \begin{array}{l} 三重項 \quad s=1 \\ + \\ 二重項 \quad s=1/2 \\ + \\ 二重項 \quad s=-1/2 \end{array} \\ (e) \quad \begin{array}{l} 二重項 \quad s=1/2 \\ + \\ 二重項 \quad s=1/2 \\ + \\ 一重項 \quad s=0 \end{array} \end{cases}$$

この中で，(a) の場合が多く見られる．一般の分子の基底状態は一重項であるから，励起三重項状態の $^3S^*$ から基底一重項状態の ^1M への励起エネルギー移動で，励起三重項状態の $^3M^*$ が生成し，S は基底一重項状態に戻る．

$$^3S^* + {}^1M \longrightarrow {}^1S + {}^3M^* \tag{6.3}$$

3.5 節で述べたように，基底一重項状態から励起三重項状態への光照射による直接励起は禁制であって（エネルギー準位は存在しているにもかかわらず，遷移確率がゼロ，すなわちモル吸光係数がゼロか非常に小さく光を吸収しない），励起三重項状態を自由に作り出すことはできない．ところで，励起三重

項は寿命が長いことから反応の機会が多く,特色ある光反応の多くは励起三重項によるものであり,光化学で新しい反応を見つけ,それを合成に利用していく立場からは,励起三重項状態を作り出したいという要望がある.このようなとき,式 (6.3) の反応が有効である.すなわち,励起三重項状態ができやすい〔3.6 (2) 項で述べたスピン-軌道相互作用が大きくて,励起一重項状態から励起三重項状態への項間交差の効率が高い〕化合物を S に用い,光照射で $^3S^*$ を作っておいて,その励起エネルギーを三重項に励起したいと思う化合物 M に移すのである(**三重項増感**という).

三重項励起エネルギーの授受は,模式的にはエネルギー供与体と受容体との間の電子の交換と考えることができる.**図 6.1 (a)** によって,式 (6.3) の過程が理解されよう.

例外的に,酸素分子のようにエネルギー受容体の基底状態が三重項である場合がある(HOMO が縮重したエネルギーの同じ 2 個の軌道で,それぞれ 1 個ずつ電子が入っている.この場合,スピンの方向の同じ三重項の方がスピンを逆にした一重項より安定である).**図 6.1 (b)** のような過程〔式 (6.4)〕が起っ

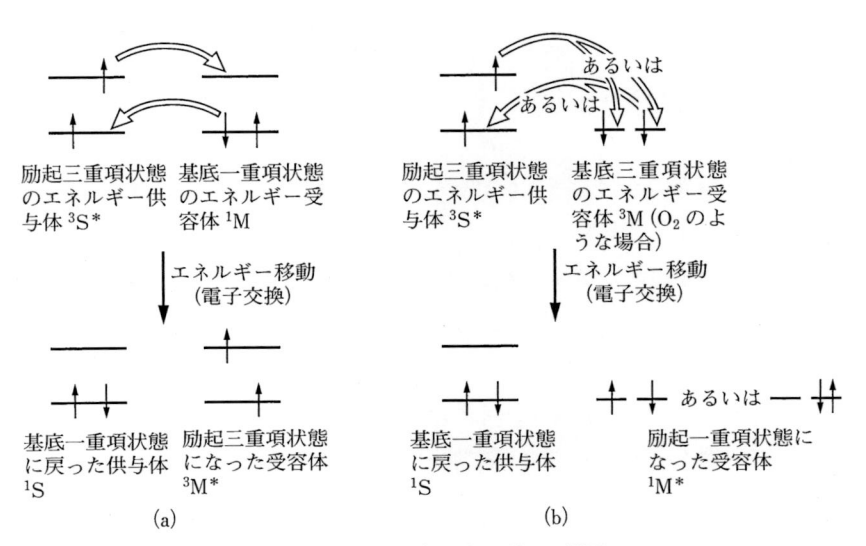

図 6.1 三重項励起エネルギーの授受

て，一重項の励起状態が生成する．

$$^3S^* + {}^3M \longrightarrow {}^1S + {}^1M^* \tag{6.4}$$

（MがO_2である場合，$^3S^* + {}^3O_2 \longrightarrow {}^1S + {}^1O_2^*$）

このようにして生成される励起状態の酸素分子，**一重項酸素**は，光化学における活性種の中でも興味ある特性を持つ上，有機合成への応用もひろがっており重要なものである．

これまでは励起三重項状態からのエネルギー移動を問題としてきたが，励起一重項状態からのエネルギー移動も，もちろん起り得る．この場合はスピン角モーメント保存則から，

$$^1S^* + {}^1M \longrightarrow {}^1S + {}^1M^* \tag{6.5}$$

で，受容体は励起一重項状態になる．

しかし，一般には励起一重項エネルギー移動は励起三重項エネルギー移動にくらべて実用上の意味がうすい．励起一重項状態は，何もエネルギー移動によらなくても直接光照射で作り出せるし，励起一重項状態の寿命は短く，励起エネルギー移動の起こる頻度が低いからである．

6.3 励起エネルギーの移動のしかた

励起エネルギー移動

$$S^* + M \longrightarrow S + M^*$$

は，ごく短い時間のうちに完了してしまう速い過程であるが，その中にもいくつかのドラマがかくされている．

前節で，三重項エネルギー移動を模式的に電子の交換で説明したが，そこでは暗黙に，供与体と受容体の衝突が仮定されている．しかし，エネルギーの移動には必ずしも供与体と受容体の衝突を要しないことがわかっている．ガラス状のマトリックスの中に固定されて動けなくした分子の間でも，エネルギーの移動が起る．供与体と受容体の間に数個〜数十個の分子が存在しても，遠距離相互作用によってエネルギーの移動が起る．

表6.1 エネルギー移動機構の特徴と区別のしかた

	衝突による励起エネルギー移動（transfer requiring collision）	共鳴による遠距離励起エネルギー移動（long range radiationless transfer）	発光・再吸収による励起エネルギー移動（" trivial " radiative transfer）
模式的に表した機構	Ⓢ Ⓜ 接触した位置での電子的相互作用	Ⓢ〜〜〜Ⓜ S*とMとの遠距離での共鳴	Ⓢ○○○○○Ⓜ S*の発光をMが吸収
溶液の粘度の上昇	移動効率減少	移動効率ほとんど変らず	移動効率変化なし
供与体の寿命	減少	減少	変化なし
供与体の発光スペクトル	変化なし	変化なし	変化（見かけ上）
容量（体積）の増大	移動効率に変化なし	移動効率に変化なし	移動効率増大

$$\text{S}^* \cdot \underbrace{s \cdot s \cdots s}_{溶媒分子} \cdot \text{M} \longrightarrow \text{S} \cdot s \cdot s \cdots s \cdot \text{M}^*$$

ここで働く遠距離相互作用は，一種の共鳴であると考えられている．

エネルギーの受け渡しの方法には，他に trivial 機構と呼ばれているものがある．これはエネルギー供与体の発光を，エネルギー受容体が吸収することによって起る．

$$\text{S}^* \longrightarrow \text{S} + h\nu' \quad (\text{S の蛍光・りん光})$$

$$\text{M} + h\nu' \longrightarrow \text{M}^*$$

ここでは，エネルギー供与体と受容体との間には何ら特別な相互作用がなく，trivial（つまらない）機構と呼ばれるのももっともである．

励起エネルギー移動の過程は大きく分けると，① 遠距離での共鳴による機構，② 衝突による電子交換の機構，③ 発光・再吸収による trivial 機構 の三つになる．それらを**表6.1**で比較・対照した．この比較・対照を基に，実際にわれわれが観測する増感反応がどの機構を通っているかを判断する．

6.4 三重項エネルギー移動による増感・脱励起

光反応における触媒作用という観点からは，**三重項エネルギー移動**がとりわ

表6.2 代表的な増感剤・脱励起剤の最低三重項エネルギー E_T，生成の量子収量 Φ_T，三重項状態の寿命 τ_T および最低励起一重項エネルギー E_S（主として，室温，無極性溶媒中の値）

化合物	E_T / kJ mol^{-1}	τ_T / μs	Φ_T	E_S / kJ mol^{-1}
ベンゼン	352			460
トルエン	346	3	0.53	444
			0.45	
アセトン	330〜343		0.90	368
p-キシレン	336			435
プロピオフェノン	312			
アセトフェノン	310	3.5	1.0	329
4-メチルアセトフェノン	305			340
3-メトキシアセトフェノン	302			
ベンズアルデヒド	301			323
4-(トリフルオロメチル)アセトフェノン	300			
カルバゾール	294		0.36	355
ベンゾフェノン	287	12	1.0	315
フルオレン	285		0.32	397
トリフェニレン	278		0.86	349
ビフェニル	275		0.81	
m-テルフェニル	269			
アントラキノン	261		0.90	
フェナントレン	259		0.82	346
ナフタレン	255		0.68	385
4-フェニルベンゾフェノン	254		1.02	321
1,3-ブタジエン	250			
2-アセチルナフタレン	249		0.84	325
$trans$-1,3-ペンタジエン	248			
p-テルフェニル	244		0.11	380
シクロペンタジエン	244			
クリセン	240		0.81	331
2,3-ブタンジオン	236		1.0	273
2,2′-ビナフチル	233			
コロネン	228		0.64	279
ベンジル	223		0.92	247
1,3-シクロヘキサジエン	219			〜406
アクリジンオレンジ	205		0.30	
ピレン	202		0.38	322
フルオレセイン	197		0.05	230
アクリジン	188		0.75	305
ローダミンB	180			205
エオシン	180		0.3〜0.76	
アントラセン	176		0.75	319
9,10-ジフェニルアントラセン	175		0.12	305
ローズベンガル	172		0.76	
チオニン	163		0.55	
ペリレン	147		0.015	275
アズレン	129	1		170
ナフタセン	123		0.68	251
酸素				94

け重要である．これは前述のように，一般の分子では長寿命で反応に有利な励起三重項状態を直接光照射では作り出すことができないからである．

光劣化防止剤には低い三重項エネルギーを持ち，かつ自身が励起三重項状態において実質的な反応を行わない化合物が用いられる．三重項エネルギー移動で劣化防止剤がエネルギーを集めることによって，他の分子の光分解を防止するものである．

三重項エネルギー移動は，主として衝突による電子交換によって起る．三重項エネルギー移動の場合，エネルギーの移る方向を規定するのは，三重項エネルギー値の大小であって，高い三重項エネルギーを持つ励起分子から低い三重項エネルギーを持つ基底状態の分子へエネルギーが移る．したがって，同じ物質が相手によって，ある場合には増感剤に，ある場合には脱励起剤になったりする．代表的な三重項増感剤（脱励起剤）を**表 6.2** に集めた．

6.5 アルケンの *cis-trans* (*E-Z*) 異性化

光反応，特に三重項増感反応の特徴がよく出ている例として，アルケンの光 *cis-trans* 異性化を少しくわしく見ていこう．アルケンの *trans* 形から *cis* 形への異性化は吸熱反応であり，熱反応では実現しない光反応の有用性が示される例でもある．

アルケンの光異性化は，アルケンが光吸収能を持っていれば増感剤なしでも起るが，三重項増感剤を用いると効率よく起りやすい．**増感 *cis-trans* 異性化**は最も基本的な光反応の一つで，その本質解明の中から光反応の根幹となる概念が産み出されてきたが，その反応の機構はアルケンと増感剤の特性，組合せによって複雑な様相を呈しており，光化学の奥深さが，この一見単純な反応の中にかくされているともいえよう．

アルケンの基底状態と励起状態での二重結合に関するねじれ角とエネルギーを模式的に表したものが**図 6.2** である．基底状態のアルケンは平面構造（ねじれ角 0° あるいは 180°）のときに安定であるが，励起状態では三重項でも一重項でもほぼ直角にねじれた状態でエネルギーが最低になる．

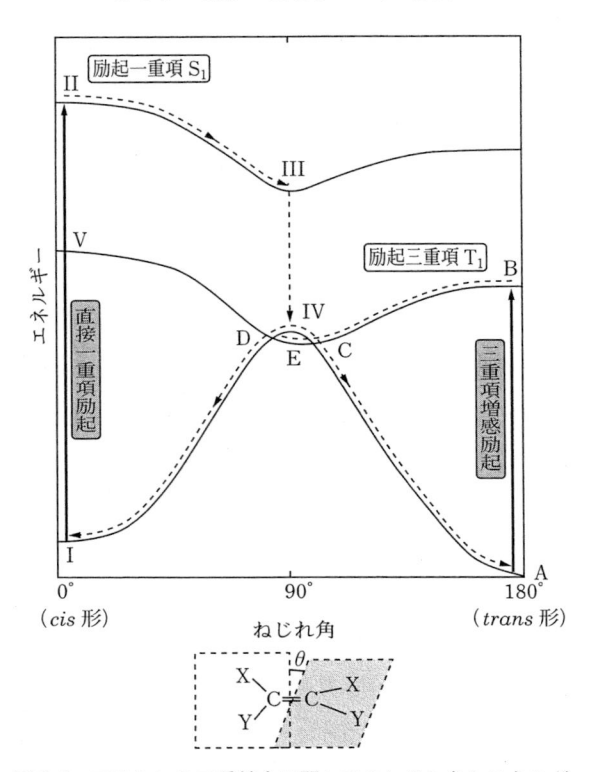

図 6.2 アルケンの二重結合に関してのねじれ角とエネルギー

　直接一重項励起による異性化の経路を図 6.2 でたどってみよう．出発物は cis 形でも trans 形でもよいが，例として cis 形 I から出発しよう．光を吸収すると励起一重項状態になるが，励起は瞬時に起こるので，励起の間に分子の幾何学的配置は変らず，II の状態になる（Franck-Condon 原理）．II の状態はポテンシャル極大の位置にあり不安定なので，ポテンシャル曲面に沿ってエネルギーの谷 III へ落ち，形をねじれ形に変える．III の状態の分子は内部変換によって基底状態の IV に移る（この場合も一般には Franck-Condon 原理に従って形が変らない）．状態 IV のねじれた基底状態の分子は，一定の割合で左右の斜面をころがり落ちて，cis 形，trans 形の混合物を作っていく．

　次に，三重項増感による場合を考えてみよう．この場合も出発は cis, trans

のどちらからでもよいのだが，図の関係で A の *trans* 形から出発しよう．励起三重項の増感剤分子からエネルギーを受け取って，アルケン分子は B の状態になる（この場合も，一般には Franck-Condon 原理に従って分子の形は変らない）．三重項状態でも重なり形はエネルギー極大の状態なので，励起三重項分子はねじれ形に変り，エネルギー曲面の交わり C, D を通って基底状態へ項間交差する．あとはエネルギー曲面をすべり降りて，*cis* 形，*trans* 形の混合物になっていく．

種々の三重項増感剤を用いたときのスチルベンの光 *cis-trans* 異性化の結果を見てみよう．図 6.3 は，照射時間を十分長くして定常状態に達したときの *cis*, *trans* 異性体比と増感剤の三重項エネルギーの関係である．増感剤の三重項エネルギーが 260 kJ mol^{-1} より大きい場合は，定常状態の *cis*-, *trans*-スチルベンの異性体比がほぼ一定（*cis* 体 60 %，*trans* 体 40 %）になる．増感剤の

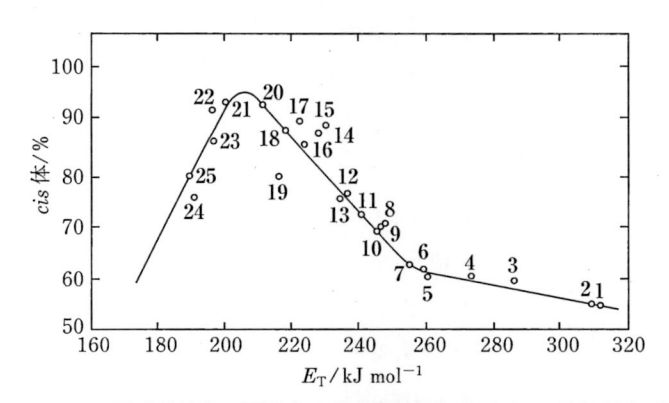

図 6.3 スチルベンの増感異性化で到達する光定常状態における *cis* 体の割合（%）の増感剤の三重項エネルギー E_T による変化

1：シクロプロピルフェニルケトン，2：アセトフェノン，3：ベンゾフェノン，4：チオキサントン，5：アントラキノン，6：フラボン，7：4,4'-ビス（ジメチルアミノ）ベンゾフェノン，8：2-ナフチルフェニルケトン，9：2-ナフトアルデヒド，10：2-アセトナフトン，11：1-ナフチルフェニルケトン，12：クリセン，13：1-ナフトアルデヒド，14：ビアセチル，15：2,3-ペンタンジオン，16：フルオレノン，17：フルオランテン，18：ジベンズ[*a,h*]アントラセン，19：ジュロキノン，20：ベンジル，21：ピレン，22：ベンズ[*a*]アントラセン，23：ベンズアントロン，24：3-アセチルピレン，25：アクリジン

三重項エネルギーが低くなっていくと，定常状態の cis 体の割合が増し，$E_T \sim 200\,\text{kJ mol}^{-1}$ の増感剤を用いたとき極大に達し，cis 体が 90 % 以上になる．

このことは，どのように説明されるであろうか？　三重項エネルギーの移動は，供与体エネルギーが受容体のエネルギーより高くないと起らない．エネルギー差が $10\,\text{kJ mol}^{-1}$ 以上あると拡散律速でエネルギー移動が起るが，エネルギー差がそれより小さくなると，エネルギー移動の速度は急激に低下する．

cis-スチルベンの三重項エネルギーは trans-スチルベンのそれよりも大きい．増感剤の三重項エネルギーが cis-，trans-スチルベンのいずれよりも高いときは，増感剤のエネルギーは cis-，trans-スチルベンに非選択的に与えられる．したがって，定常状態の cis，trans 比は増感剤の種類によらないことになる．増感剤の三重項エネルギーが cis-スチルベンのそれより小さくなると cis 体の励起はできなくなるが，trans 体の三重項エネルギーより大きい間は trans 体を励起できる．trans 体だけが励起される結果，trans 体 → cis 体の変化だけが起り，定常状態は cis 体に富んだものとなる．

さらに増感剤の三重項エネルギーが低くなると，cis 体へも trans 体へもエネルギーを移すことができなくなって，異性化が起らなくなってしまう．しかし，この点についても完全に解明されていない問題が残っている．それは，増感剤のエネルギーが trans 体より多少低くても異性化が実際には起るからである．一つの解釈は，Franck-Condon 原理に合致しない**非垂直励起** (non-vertical excitation)，すなわち図 6.2 で A から E のねじれ状態に直接移る過程を考えることである．A と E のエネルギー差は A と B のエネルギー差より小さいので，低エネルギー増感剤での励起を説明できる．

一般に励起はごく短時間の間に起るので，励起の前後で分子の形が変る非垂直励起は考えにくいものである．それにもかかわらず，エネルギー不足の克服のために，あえて無理を考えるのである．この考えには，まだ確証は得られていない．エネルギー不足を熱エネルギーで補う考え方もある．

一般の増感異性化では，どれだけ照射時間を長くしても cis 体，trans 体の混合物ができ，一方が 100 % という組成にはならない．図 6.2 の E 状態から

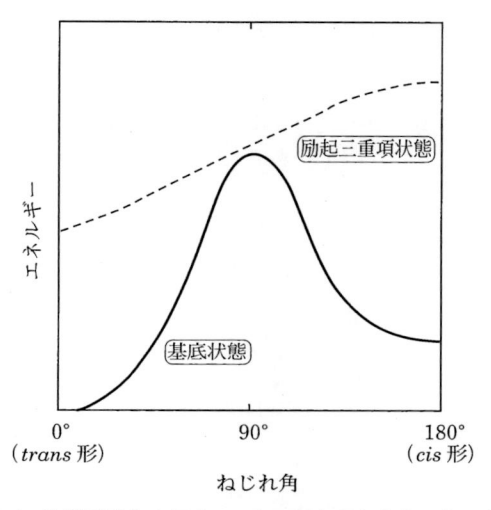

図 6.4 片道異性化を起すアルケンのねじれ角とエネルギー

（グラフ：縦軸エネルギー、横軸ねじれ角 0°（trans 形）、90°、180°（cis 形）、励起三重項状態と基底状態の曲線）

基底状態に戻るとき右側，左側の斜面の両方に振り分けられるためである．しかし，一方的に反応が進んでしまう例も見出されている[†]．

（構造式：アントラセン環に $-C(H)=C(H)-Bu^t$ が結合したアルケン）

アントラセン環と t-ブチル基を持つアルケンは cis から trans へは効率よく異性化するのに，trans から cis へは異性化しない〔徳丸らによって**片道異性化**（one-way isomerization）と名づけられている〕．この原因は，図 6.4 のような谷のない励起三重項エネルギー曲面に求められる．cis 体の励起で生じた全ての励起分子はエネルギー面を励起 trans 形に向ってすべり下り，そこから基底状態の trans 形に失活するためである．

6.6 電子移動による光増感・脱励起

4.5 節で述べたように，励起分子は基底状態の分子にくらべて酸化も還元も

[†] 新井達郎，徳丸克己：有合化，**44**, 999 (1986).

受けやすくなっている．励起された分子 S* が他の分子 M から電子を奪ったり，与えたりして生ずる M のカチオンラジカルが反応を起す場合がある．反応後，電子の授受で S 分子が再生すれば，S は光反応の触媒であったことになる．

	S* が電子受容体として働く場合	S* が電子供与体として働く場合
触媒分子の励起	$S \xrightarrow{h\nu} S^*$	
電子移動	$S^* + M \longrightarrow S^{\bar{}} + M^{\dot{+}}$	$S^* + M \longrightarrow S^{\dot{+}} + M^{\bar{}}$
基質の反応	$M^{\dot{+}} \longrightarrow m^{\dot{+}} (+ n)$	$M^{\bar{}} \longrightarrow m^{\bar{}} (+ n)$
連鎖反応になる場合	$m^{\dot{+}} + M \longrightarrow m + M^{\dot{+}}$	$m^{\bar{}} + M \longrightarrow m + M^{\bar{}}$
電荷の中和	$m^{\dot{+}} + S^{\bar{}} \longrightarrow m + S$	$m^{\bar{}} + S^{\dot{+}} \longrightarrow m + S$

m，n は M の分解で生ずる化学種．

電子移動による増感は，非常に広い範囲にわたって起っている．典型的な例は，アリール置換のアルケンやシクロプロパンが，電子受容体である芳香族ニトリルを触媒にして求核試薬 NuH の光付加反応を受ける場合である．

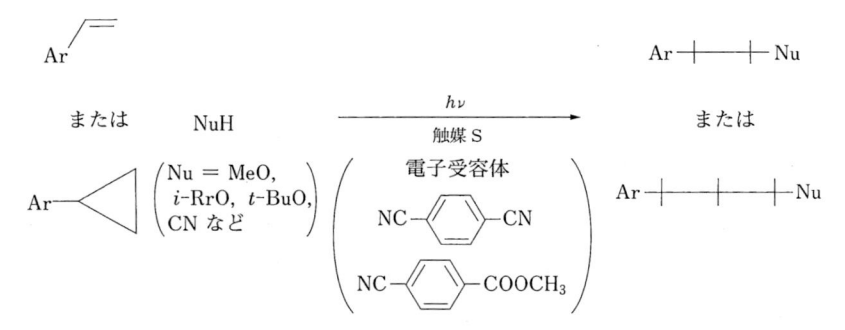

アルコールなどは反 Markovnikov 付加をするが，これは基質と触媒 S の間の光電子移動で生じる基質のカチオンラジカルに対する，求核試薬の攻撃によるためと考えられる．

上記の場合は，求核反応が起っていることから，カチオンラジカルの生成，電子移動が直接的に見てとれるが，その他にも，三重項増感と思われていたものが，実は電子移動を原因とする反応促進であることがわかった例も多い．

N-ビニルカルバゾールは，電子受容体の存在下で光照射すると二量化が起る（重合も起る）．

反応は，カチオンラジカルの関与する連鎖反応であると考えられている．

$$S\text{（受容体）} + VCZ \xrightarrow{h\nu} S^{\bar{\cdot}} + VCZ^{\dot{+}}$$

カチオンラジカルが反応中間体であることは，Fe^{3+}, Ce^{4+} などによるアルケンの酸化によっても二量化が起ることなどから確かめられている．

6.7 固体半導体光触媒 ―光触媒―

光反応の触媒として最近その重要性を高めているものに固体半導体がある．1972年，本多健一と藤嶋 昭（当時，東京大学生産技術研究所）は，二酸化チタンの単結晶を水に浸して紫外線をあてると水が分解され，O_2 と H_2 が発生す

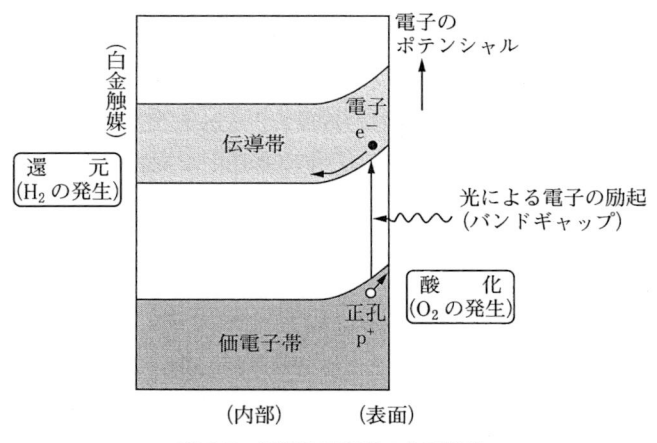

図 6.5　半導体光触媒の作用機構

ることを見出した．形式的にではあるが植物の光合成が人工的に実現された画期的な発見で，"Honda-Fujishima 効果"として日本の光化学が世界に誇る業績である．

原理を模式的に示そう（図 6.5）．

半導体はバンド構造と呼ばれる電子状態を持っている．電子が詰っていて動けない価電子帯と本来電子が入っていない伝導帯とである．光があたると，価電子帯の電子 e^- が伝導帯にたたき上げられる．同時に電子の抜けたところに正孔 p^+ ができる．この状態は 4.5 節で述べた励起分子の酸化・還元力のともに強い状態に対応していて，半導体はバンドギャップに相当する励起エネルギー分だけ還元力，酸化力が増していることになる．p^+ と e^- とが再結合してしまうと，光励起は反応につながらないのであるが，半導体では反応に都合のよい次のような機能が備わっている．すなわち半導体では，表面に近いところで，ポテンシャルが高くなっているので，電子はポテンシャルの低い内部に移動し，一方電子の抜け穴である正孔は半導体表面に出て来るというわけで，プラス電荷とマイナス電荷が分離される．

このようにしてできた電子と正孔とは，適当な場所で還元と酸化を行うことになる．水が相手なら，H^+ の還元で H_2 が，OH^- の酸化で O_2 が発生する．

6.7 固体半導体光触媒 —光触媒—

　半導体は単結晶でなくてもよく，粉末の酸化チタン（白粉(おしろい)の原料で，安価）でもよい．

　光触媒としての半導体には主として酸化チタンが用いられるが，その他の半導体も全て利用の可能性を持っている．バンドギャップ（したがって用いる光の波長）によって酸化力，還元力を制御して，目的の反応を選択的に行わせることができる．ただし，半導体の化学的安定性が制約となることがある．しかし，その点酸化チタンは化学的に安定で，一度使ったものを洗って何度も使えるという特性を持っていて，これは，後述の水処理などへ利用する際に大きな利点となっている．

　半導体光触媒を巧みに有機合成に組み込んだ例として，医薬原料として重要なピペコリン酸のリシンからの合成がある．

$$\text{リシン} \xrightarrow{\text{正孔による酸化}} \xrightarrow{\text{加水分解}} \xrightarrow{} \xrightarrow{\text{電子による還元}} \text{ピペコリン酸}$$

　ここでは，第一段階での正孔による酸化，最終段階での電子による還元というように，光触媒の活性点がバランスよく働いていることがわかる．酸化チタンの光触媒としての働きが最も輝いているのは，環境保全に対する応用である（コラム参照）．

▶▶コラム ·· ◆ ○ ◆ ○ ◆ ○ ◇ ◇

光触媒の展開 —藤嶋-橋本の発想の転換—

　1973年10月，第1次オイルショック（第4次中東戦争の勃発によって，産油国が結束して原油の価格を大幅につり上げ，世界の経済に深刻な打撃を与えた．日本では石油に関係のないトイレットペーパーの買いだめなどの混乱が見られた）が起った．

　本多–藤嶋効果（p.96）が発表されたのはまさにこの時期（1972年）で，朝日新聞は1974年元日の朝刊で大きくとり上げたのであった．

　太陽光を使って水を光分解し水素（ガス）を作ることは，エネルギー問題の根本的な解決になる．しかし，ここで問題になったのは，太陽光エネルギーの"密度"（この場合，単位面積・単位時間に降り注ぐ太陽光の光子の数）であった．

　太陽光の"密度"は，1 s，1 cm^2 あたり 10^{15} 光子で，1 mol (6×10^{23}) の約 10^{-9}，すなわち100％の効率で水を光分解することができたとしても，できる水素ガスの量は10億分の1 mol くらいにしかならない．「衆寡敵せず」である．ところが，細菌の"密度"はというと 1 cm^2 あたり 10^6 くらいで，太陽光の"密度"の 10^{-9} である．この数字は，光が細菌を殺す割合が10億分の1でも十分殺菌できることを意味している．太陽光より格段に暗い蛍光灯でも光の"密度"は 10^{12} で，細菌"密度"の100万倍である．「これなら勝てる」というのが，藤嶋，橋本（和仁；当時東大工学部の藤嶋研究室の助教授）の新しい戦略となった．

　病院では，手術室や病室に巣食っている病原菌による院内感染が問題になっていた．そこで手術室の床や壁に TiO$_2$ 加工したタイルを使ったところ，効果てき面，MRSA や大腸菌を絶滅することができた．この，"密度"に関する発想の転換が光触媒の応用に大きな道を開いたのであった．

　応用は，調理場の油汚れ，トンネルの照明器具の汚れ，空気中の有害物質の除去，窒素酸化物 NOx，シックハウスの原因となるアルデヒドの分解などに広がっている．

◆ ◇ ◆ ○ ◆ ○ ◆ ·· ✢ ✢ ✢

第7章　官能基の光化学特性と光反応の型

　基底状態の有機化学（すなわち普通の意味での"有機化学"）は官能基によって分類整理され，その特性は官能基の電子状態に基づいて体系づけられている．そこには，一本筋の通った理論体系があって，無限に増殖していく有機化合物の世界を統合している．

　それでは，**光反応性を官能基に基づいて整理する**ことは可能であろうか？　残念ながら，光反応は熱的反応より複雑で，十分な体系化ができていない．それは励起状態の多様性（例えば，カルボニルでは n-π*, π-π* 励起で性格が違う）や励起状態の寿命の長短（似たような構造で，同じような励起状態の電子状態を持つものでも，寿命が短いと反応につながらない）などで反応性が大きく変ってしまうためである．

　しかし，ここでは大胆な単純化を行って，有機化合物（金属錯体も含めて）の光反応性を分類して p.100 以下の**表 7.1** にまとめた．反応の型と代表例を示したが，抜けおちているものも多いし，また例外も多い．この表を出発点として，読者の一人一人が自分自身の光反応分類表を作って活用されるようお願いする．

　表に基づいて，光反応の型について簡単に解説する．**表を参照しながら，解説を読んでいただきたい**．

7.1 分類の方法

　表 7.1 は，有機化学で重要な官能基の励起状態の特性と光化学反応性をまとめて，反応例とともに示したものである．反応は，**結合開裂**，**異性化（転位）**，**閉環・開環**，**付加（付加環化）**，**置換**，**酸化・還元**に分類してある．この分類は不完全で，結合開裂が置換の原因となるなど重複も多いが，ひとまずこれを基にして，以下に解説を加えよう．

第7章 官能基の光化学特性と光反応の型

表7.1 有機化合物の

	励起状態	結合開裂	異性化（転位）
アルケン，共役ポリエン	単純なアルケンでは π-π^* とRydberg状態とのエネルギー差が小さく，両者が光反応の原因となる。π-π^* 状態では，一重項-三重項のエネルギー差がかなり大きい。特に共役ジエンで大きい。このため，共役ジエンは三重項消光剤（脱励起剤）として用いられる。		E-Z (*cis-trans*) 異性化 $\xrightarrow{h\nu}$ 励起一，三重項状態，電子移動が関与する。次のような例もある。 $\xrightarrow{h\nu}$ (=) ジπメタン転位 $\xrightarrow{h\nu}$ ≡ カルベン種の発生（Rydberg状態の反応）(cf.) 付加置換 $\longrightarrow$ Rydberg 状態 $\longrightarrow$ +

7.1 分類の方法

光反応性の分類

閉環・開環	付加（付加環化）	置　換	酸化, 還元
協奏反応による閉・開環 (X = CH$_3$) 逆旋的 $\xrightarrow{h\nu}$ $\xleftarrow{h\nu}$ 同旋的 $\xrightarrow{h\nu}$ $\xleftarrow{h\nu}$ [例] $\xrightleftharpoons[300\,\text{nm}]{254\,\text{nm}}$ （無色） 紫外 ↓↑ 可視 （赤） 光記録材料としてすぐれている	極性付加 Rydberg 状態から $\cdot\!\!-\!\!-\!\! + \text{ROH} \xrightarrow{} -\!\!-\!\!\text{OR}$ 光電子移動による極性付加. 歪のかかった cis 体からの極性付加. $\xrightarrow[\text{三重項増感}]{h\nu}$ $\xrightarrow{\text{CH}_3\text{OD}}$ OCH$_3$, D 各種化合物の光分解で生じたラジカルの付加. [例] $=\!\!= + \text{RCHO} \xrightarrow{h\nu}$ RCO H [2+2] 付加環化 $\| + \| \xrightarrow{h\nu} \square$ 励起一重項からの協奏反応, 特徴的な光反応, 応用が広い. [例] $\xrightarrow{h\nu}$		アルケンの励起によって始まる反応ではないが，励起一重項酸素 $^1\text{O}_2^*$ の反応は実用上重要である．分類としては，付加，付加環化に入れられるものがある． $\diagup\!\!=\!\!\diagdown + {}^1\text{O}_2^* \longrightarrow$ (環状過酸化物) H CH$_2$ C—C=C + $^1\text{O}_2^*$ $\longrightarrow$ C=C—C 　　　　　　　OOH EtO $\diagup\!\!=\!\!\diagdown$ + $^1\text{O}_2^*$ 　　OEt EtO $\longrightarrow$ 　　　O—O OEt これらは，自動酸化の反応と異なっていて，光反応の特徴がよく現れている．

第7章 官能基の光化学特性と光反応の型

	励起状態	結合開裂	異性化（転位）
芳香族炭化水素	π-π^*の励起状態が多数あり，それぞれの性格に応じ，多様な反応をする．励起状態の電子分布が基底状態のそれと異なるため，光求核置換の配向性が熱反応と異なることがある．		原子価異性 ベンゼン → (204 nm) S_2^* → デュワーベンゼン → $h\nu$ → プリズマン ベンゼン → (254 nm) S_1^* → ベンズバレン, フルベン（H H） 生成物は不安定で，もとのベンゼンに戻ってしまう．t-ブチル基を導入して立体障害を使って生成物を安定化することができる．
複素芳香族化合物	環内のヘテロ原子のため芳香族炭化水素より励起状態はさらに多様．π-π^*の他にn-π^*も反応に関与する．	フラン + CHO-CH$_3$ $\xrightarrow{h\nu}$ 異性体 結果としては異性化となっている． R^1-C=N-O-R^2 $\xrightarrow{h\nu}$ $R^1C\equiv N$ $+\ R^2C\equiv \overset{\oplus}{N} \to \overset{\ominus}{O}$	原子価異性．複素環化合物では多くの形式の原子価異性がある．一例を示す. ピリジン $\xrightarrow{h\nu}_{254\ nm}$ アザベンズバレン

7.1 分類の方法

閉環・開環	付加（付加環化）	置　換	酸化, 還元
(cis-stilbene) $\xrightarrow{h\nu}$ (dihydrophenanthrene)	ベンゼンの励起状態は複雑なので, 1,2-付加（[2+2] 付加環化）以外に 1,3-付加, 1,4-付加も起る. 1,2-付加 ベンゼン + ‖ $\xrightarrow{h\nu}$ bicyclic 1,3-付加 ベンゼン + ‖ $\xrightarrow{h\nu}$ 生成物 1,4-付加 ベンゼン + ‖ $\xrightarrow{h\nu}$ 生成物	求核置換 (A 型) 電子求引基が m-位の求核置換を促進. $\text{NO}_2\text{-C}_6\text{H}_3\text{-OMe}$ $\xrightarrow{h\nu}$ $\xrightarrow{\Delta}$ 生成物 + OH^- (B 型) 配向性は, 熱反応と同じだが, 光で反応速度が著しく上昇. ニトロベンゼン + NH_3（液体）$\xrightarrow{h\nu}$ o-, p-ニトロアニリン	
(thiophene dimer etc.) $h\nu \updownarrow h\nu'$	[2+2] 付加環化 $\xrightarrow{h\nu}$ チミン二量体 benzofuran $\xrightarrow[\text{増感剤 PhCOR}]{h\nu}$ dimer $\text{E} = \text{O, S, NH}$ + $\text{C(COOMe)} \equiv \text{C(COOMe)}$ $\xrightarrow{h\nu}$ adduct	$\underset{H}{\overset{\oplus}{\text{N}}}$(pyridinium) + EtOH $\xrightarrow{h\nu}$ 2-Et-, 4-Et-pyridinium $\text{>C=}\overset{\oplus}{\text{N}}\overset{-}{\text{-H}}$ は >C=O と類似の反応性を持ち, アルコールから H を引き抜く. これによってエチル置換が起る.	5員複素環は一重項酸素と 1,4-付加することが多い. $\text{CH}_3\text{-furan-CH}_3$ + $^1\text{O}_2^*$ $\longrightarrow$ $\text{CH}_3\text{-endoperoxide-CH}_3$

	励起状態	結合開裂	異性化（転位）
ハロゲン化合物	ヨウ素化合物は n–σ* の吸収が 260 nm 付近にあり，励起によって結合開裂が起る．他のハロゲン化合物の n–σ* 吸収はこれより短波長．ハロゲン化合物の光反応は，他の発色団に吸収された光エネルギーが原因となることが多い．光電子移動によるラジカル生成によって反応が進行することも多い．	素反応 $\geqslant$C–X $\xrightarrow{h\nu}$ $\geqslant$C• + •X 　　　　$\geqslant$C$^+$ + X$^-$ ベンゼン環に結合した C–X も開裂する．結合の開裂は，ホモリシスの場合がほとんどである．このようにして生じたラジカルが付加反応，置換反応をする． 光電子移動による開裂 $\geqslant$C–X + D $\xrightarrow{h\nu}$ 　　　　（電子供与体） $\geqslant$C• + X$^-$ カルベンの発生 $\geqslant$C$\genfrac{}{}{0pt}{}{\text{I}}{\text{I}}$ $\xrightarrow{h\nu}$ $\geqslant$C:	
アルコール，フェノール，エーテル	アルコール，脂肪族エーテルは 200 nm より長波長領域に吸収を持たない．n–σ* 吸収が 180 nm 付近に現れる．フェノールは π–π* の吸収が紫外部に現れる．	脂肪族アルコールは波長 200 nm 以上の光では反応性小．185 nm 光で開裂する． CH$_3$OH 　　→ CH$_3$O• + •H （79％） 185 nm → HCHO + H$_2$ （20％） （気相）→ CH$_3$• + •OH （1％）	光 Claisen 転位 OR 基のフェニルエーテル → OH 基のオルト体・パラ体 R = Ph, –CH$_2$CH=CH$_2$ O–R 結合のホモリシスによって生じるラジカル対の再結合による反応．

7.1 分類の方法

閉環・開環	付加（付加環化）	置　換	酸化，還元
分子内置換反応 MeO-C₆H₄-N(CH₂Cl)-C(O)CH₂ $\xrightarrow{h\nu}$ MeO-（5-メトキシオキシインドール） ＋ （4-メトキシオキシインドール, OMe） 電子移動による開裂によって開始されることが多い．	結合開裂によって生じたラジカルによる付加は応用が広い． [例] CF_3I ＋ $CH_2=CHCH_2OH$ $\xrightarrow{h\nu}$ $CF_3CH_2-CHICH_2OH$	結合開裂によって生じたラジカルによる置換は応用が広い． $RX + ArH \xrightarrow{h\nu} RAr$ $ArX + Ar'H \xrightarrow{h\nu} Ar-Ar'$ [例] CF_3Br ＋ ウラシル $\xrightarrow{h\nu}$ 5-CF_3-ウラシル 5-ヨードピリミジン ＋ 複素環（E=O, S, N, Me） $\xrightarrow{h\nu}$ 5-(複素環)ピリミジン 希にイオン的反応が並行して起る． ノルボルニルBr $\xrightarrow[CH_3OH]{h\nu}$ ノルボルナン（H）＋ ノルボルニル-OCH_3	RX, ArX の光開裂によって生じたラジカルが水素供与体からHを奪うと，形式的には還元が起ったことになる． $RX \xrightarrow{h\nu} R\cdot + \cdot X$ $R\cdot +$ 水素供与体 $\longrightarrow RH$
		p-NO_2-C_6H_4-OMe ＋ $OH^- \xrightarrow[O_2]{h\nu}$ p-NO_2-C_6H_4-OH ＋ p-MeO-C_6H_4-OH 　20%　　　　80%	

	励起状態	結合開裂	異性化（転位）
過酸化物	300 nm付近にn-σ*の吸収があり，この励起でO−O結合が開裂し，ラジカルが発生する．	容易にO−O結合がラジカル開裂するので，低温でのラジカル発生による合成反応への応用が盛ん． [例] $(CH_3)_3COOC(CH_3)_3$ $\xrightarrow{h\nu}$ $2(CH_3)_3CO\cdot$ 光重合などに利用．	
無機酸エステル		亜硝酸エステルO−NO，次亜塩素酸エステルO−Clなどは容易に光開裂して，ラジカル対を発生する． −O−NO $\xrightarrow{h\nu}$ −O・ NO これに始まるBarton反応は利用価値が大きい．	Barton反応の例
ケトン・アルデヒド	一般にn-π*の方がπ-π*よりも低エネルギーであるが，n-π*励起は禁制であるので，n-π*はπ-π*を経由して生成する． 三重項に項間交差しやすく，$^3(n-\pi^*)$が反応に関与することが多い．$^3(n-\pi^*)$はO・ラジカルの性格を持ち反応する．また，三重項増感の作用もする．	Norrish Type I 反応（α-位での開裂） Norrish Type II 反応 n-π*による分子内水素引き抜きによって開始される開裂．	$^3(n-\pi^*)$の分子内水素引き抜きによるエノールの生成． 暗所で逆反応が起りもとに戻る．CH_3の代りにOHでも同様の反応が起る．この反応は光エネルギーの効果的散逸になっていて，光劣化防止に用いられる（ポリマーへの添加）．

7.1 分類の方法

閉環・開環	付加（付加環化）	置　換	酸化，還元
	光開裂で生じたラジカルは二重結合に付加する．	光開裂で生じたラジカルは置換反応を起す．	光開裂で生じたラジカルは，O_2がある場合，自動酸化の引金になる．
$^3(n\text{-}\pi^*)$の分子内水素引き抜きによるシクロブタノールの生成．	二重結合への付加によるオキセタンの生成．	本質的には付加環化であるが，オキセタンが不安定なため，形式的に置換反応となる場合がある．	$n\text{-}\pi^*$による水素引き抜きによるピナコールの生成．

第7章 官能基の光化学特性と光反応の型

	励起状態	結合開裂	異性化（転位）
共役エノン	＞C=OとC=Cの共役によって，n-π*，π-π*吸収は長波長側にシフトする．n-π*，π-π*のエネルギー差は＞C=Oにくらべて小さくなる．		分子内水素引き抜きによって二重結合が移動することがある．
カルボン酸およびその誘導体	n-π*，π-π*吸収はケトンにくらべて短波長．酢酸エチルのn-π*は207 nm．芳香族カルボン酸誘導体のベンゼン環を含むπ-π*は近紫外部に現れる．	一般に，a, b, cの開裂が可能．エステルでは全てが起る．アミドではa, b, カルボン酸ではaが主である．aの切断では脱CO_2，bの切断では脱COがつづいて起ることがある．後続のラジカル反応で種々の生成物ができる．[例] Norrish Type II 反応も起る．PhCH₂COOH +	光Fries転位 bの切断による．アミドでも類似の反応が起る．(12%) (14%) (6%) 分子内水素結合による二重結合の移動の例もある．

7.1 分類の方法

閉環・開環	付加 (付加環化)	置　換	酸化, 還元
分子内水素引き抜きによるビラジカルの生成とラジカルの結合による環化. (10～20%) (70%)	$>C=O, >C=C<$ の両部位で付加環化が起る. (47%) (42%) 二量化		
妥当な例ではないかも知れないが, 次の環縮小はエステルの光反応性をよく示している.			励起状態の水素引き抜き能はアルデヒド・ケトンにくらべて小さいが, 次のような例もある. $CH_3OCO\text{-}\bigcirc\text{-}COOCH_3$ $+ \bigcirc\hspace{-0.3em}\prec \xrightarrow{h\nu}$ $\left(CH_3OCO\text{-}\bigcirc\text{-}\underset{H}{\overset{OH}{\underset{|}{\overset{|}{C}}}}\right)_2 +$ (55%) $\left(CH_3OCO\text{-}\bigcirc\text{-}\underset{PhC(CH_3)_2}{\overset{OH}{\underset{|}{\overset{|}{C}}}}\right)_2$ (22%)

	励起状態	結合開裂	異性化（転位）
アミン	アルコールと類似．脂肪族アミンは 200 nm 付近に n-σ* 吸収が現れる．	$CH_3NH_2 \xrightarrow[気相]{h\nu (147\,nm)}$ $CH_3\dot{N}H + H\cdot \quad \phi = 0.21$ $\cdot CH_2NH_2 + H\cdot \quad \phi = 0.47$ $CH_3\cdot + \cdot NH_2 \quad \phi = 0.13$ （ϕ は量子収量）	
イミン			$E\text{-}Z$ (cis-trans) 異性化 $\underset{H}{\overset{Ar}{>}}\!\!=\!\!\underset{Ar}{N} \underset{\Delta}{\overset{h\nu}{\rightleftarrows}} \underset{H}{\overset{Ar}{>}}\!\!=\!\!\underset{H}{N}\!\!-\!\!Ar$
アゾ化合物	脂肪族アゾ化合物の n-π* は 350〜380 nm に，芳香族の n-π* は 〜430 nm，π-π* は 〜300 nm に吸収が現れる．	脱窒素によるラジカルの生成． $\underset{Me}{\overset{CN}{Me-C-}}N=N\underset{Me}{\overset{CN}{-C-Me}}$ $\xrightarrow{h\nu} 2\,\underset{Me}{\overset{CN}{Me-C\cdot}} + N_2$ 熱分解と同じ反応だが，低温でも起る．	$\underset{Ph}{\overset{Ph}{>}}N=N$ $\xrightarrow{h\nu} \overset{Ph}{\underset{}{N}}=\overset{Ph}{\underset{}{N}}$
ジアゾ化合物		$\underset{R}{\overset{R}{>}}CN_2 \xrightarrow{h\nu} \underset{R}{\overset{R}{>}}C: + N_2$ カルベン この光反応はカルベン生成のためのよい方法である．	光照射で生じたカルベンは転位する． $-\underset{}{\overset{X}{C}}-\overset{\cdot\cdot}{C}- \longrightarrow -\overset{X}{C}=C-$ $\bigcirc\!\!\!-COCHN_2 \xrightarrow{h\nu}$ $O=C=CH-\!\!\!\bigcirc$

7.1 分類の方法

閉環・開環	付加（付加環化）	置　換	酸化，還元
			脱水素 〇-NH-〇 $\xrightarrow{h\nu}$ 液相 〇=N-〇 アミンは電子供与体になって光電子移動に関与することがある.
			ケトンにくらべて水素引き抜き反応を起し難い.
N=N（ジフェニル）$\xrightarrow{h\nu}$ N-N（H,H付き）$\xrightarrow{O_2}$ N=N（ビフェニル型）	あまり一般的ではないが次のような例がある. EtOCO-N=N-COOEt H₂C=CHOEt ↓ $h\nu$ EtOCON-N-COOEt（OEt付き四員環）		
	光開裂で生じたカルベン種はアルケンに付加し，シクロプロパンを作る. CH₂ + （イソブテン）$\xrightarrow{h\nu}$ CH₂（シクロプロパン環）	光開裂で生じたカルベンの挿入反応. $Ph_2\ddot{C}$ + $HOCH(CH_3)_2$ （一重項） → $Ph_2CH-O-CH(CH_3)_2$	三重項カルベンの水素引き抜き. $Ph_2\dot{C}\cdot$ + $HOCH(CH_3)_2$ （三重項） → Ph_2CH_2 + $C=O(CH_3)_2$

第7章 官能基の光化学特性と光反応の型

	励起状態	結合開裂	異性化（転位）
ジアゾニウム塩		溶媒の性質に応じて，ラジカル的あるいはイオン的に開裂する．	
ニトロ化合物	脂肪族ニトロ化合物の n-π^* は〜280 nm, π-π^* は〜210 nm に吸収が現れる．		
ケイ素化合物		$Si \overset{a}{\underset{}{\lessgtr}} Si \overset{b}{\underset{}{\lessgtr}} Si$ a, b 両結合の同時切断によるシリレンの生成が光反応の一つの大きな特徴．	

7.1 分類の方法

閉環・開環	付加（付加環化）	置　換	酸化, 還元
		結合開裂の項であげた反応は結果として置換になっている.	結合開裂の項であげた水素置換は結果として還元になっている.
	PhNO$_2$ + シクロヘキセン $\xrightarrow[-78℃]{h\nu}$ 付加環化生成物	p-NO$_2$-C$_6$H$_4$-OMe + OH$^-$ $\xrightarrow[O_2]{h\nu}$ p-HO-C$_6$H$_4$-OMe (80%) + p-HO-C$_6$H$_4$-NO$_2$ (20%)	ケトンに似て水素を引き抜く働きがあり，還元される. PhNO$_2$ + CH$_3$CHCH$_3$(OH) $\xrightarrow{h\nu}$ Ph-N(O•)-CH(OH)CH$_3$ → PhNHOH, PhNH$_2$; o-HOCH$_2$-C$_6$H$_4$-NO$_2$ $\xrightarrow{h\nu, 350\,nm}$ o-OHC-C$_6$H$_4$-NO
環縮小 結合開裂の例は環縮小になっている.			

	励起状態	結合開裂	異性化（転位）
チオール，スルフィド	アルコール，エーテルにくらべ長波長に吸収がある．CH_3SH は 228 nm, CH_3SCH_3 は 212 nm に吸収を持つ．	$C_2H_5SH \xrightarrow{254\,nm}$ $C_2H_5S\cdot + \cdot H$ 90 % $C_2H_5\cdot + \cdot SH$ 9 % $C_2H_4 + H_2S$ 1 % $CH_3SCH_3 \xrightarrow{Hg増感(気相)}$ $CH_3\cdot + SCH_3$ $\phi = 0.37$	
スルホン		(環状スルホン) $\xrightarrow{h\nu}$ (S:) この開裂は環縮小と転位．	(環状スルホン) $\xrightarrow{h\nu}$ (S:⁻) ↓ (六員環 S=O)
チオカルボニル	$n-\pi^*$, $\pi-\pi^*$ はケトンより長波長に吸収がある．チオベンゾフェノンの $n-\pi^*$ は 599 nm, $\pi-\pi^*$ は 317 nm に吸収を持つ反応はケトン・アルデヒドと似ている．		
チオカルボン酸誘導体	チオカルボニルと類似．	$Ph-C(=S)-O-CH_2-CH_2-Ph \xrightarrow{h\nu}$ $Ph-C(SH)=O + CH_2=CH-Ph$ Norrish Type II 反応	

7.1 分類の方法

閉環・開環	付加 (付加環化)	置　換	酸化, 還元
環縮小			
環縮小			
	(Ph-C(=S)-N(iPr)₂ 等) $\xrightarrow{h\nu}$ Ph-C(=S)-Ph + =Ph; $\xrightarrow[589\,nm]{h\nu}$ → チエタン		n-π* による水素引き抜き. Ph₂C=S + CH₃CH(OH)CH₃ $\xrightarrow{h\nu}$ Ph₂CH-SH
	Ph-C(=S)-OEt + シクロオクタトリエン $\xrightarrow{h\nu}$ 付加体		

	励起状態	結合開裂	異性化（転位）
金属錯体	① 金属に局在したd-d励起，② 配位子に局在した励起，③ 金属-配位子間の電子移動に基づく励起などが重要．③ は LMCT（配位子→金属），MLCT（金属→配位子），また，電子を溶媒中に放出する CTTS など多様．したがって反応性も多様．	ホモリシスなあるいはヘテロリシスな開裂が起こる．前者には LMCT が，後者には d-d 励起が関与することが多い．配位不飽和の触媒活性種を生ずることがある． ホモリシスの例 $CH_3-HgI \xrightarrow{h\nu} CH_3 \cdot + HgI$ アルキルコバロキシム（ビタミン B_{12} のモデル） R—Co—OH_2 $\xrightarrow{h\nu}$ R· Co—OH_2 $[Fe(CO)_5] \xrightarrow{h\nu} [Fe(CO)_4] + CO$ ヘテロリシスの例 $[Fe(CN)_6]^{4-} \xrightarrow[>300\,nm]{h\nu} [Fe(CN)_5]^{3-} + CN^-$ d-d 励起は配位子のある方向の d 軌道に電子が入るので，負電荷の反発が配位子の脱離を生む． 熱反応と異なった結合開裂が起ることがある． $[Cr(NH_3)_5NCS]^{2+}$ $\xrightarrow{h\nu} [Cr(NH_3)_4NCS]^{2+} + NH_3$ $\xrightarrow{\Delta} [Cr(NH_3)_5]^{3+} + NCS^-$	金属錯体の反応でよく見られる反応．結合開裂を含むものと含まないものとがある．一番普通なのは配位子の入れかわりによる *cis-trans* 異性化である． (P,P,P,P,Cl,Cl—Ru 錯体) $\xrightarrow{h\nu}$ (cis–trans 異性体) 次のような例もある． $[Co(NH_3)_5(NO_2)]^{2-}$ $\xrightarrow{h\nu}$ $[Co(NH_3)_5(ONO)]^{2-}$ P,P—Pt(CN)(CN) $\xrightarrow{h\nu}$ P,P—Pt(CN)(C≡N) P : PPh_3 $[RuCl(bpy)_2]^{2+}$ | $NO + H_2O$ $h\nu \updownarrow \Delta$ $[RuCl(bpy)_2]^+$ | $NO_2H + H^+$ MLCT によって NO → Ru → bpy の方向に電子移動が起り NO が + に帯電，そこに OH^- が付加する．

7.1 分類の方法

閉環・開環	付加（付加環化）	置　換	酸化, 還元
		金属錯体の反応では最もポピュラーな反応. S_N1型のものと, S_N2型のものとがある. 大部分はS_N1型. (光による結合開裂につづく配位子の付加) 錯体合成に有用. $[Cr(CO)_6] + \diagup\!\!\!\diagdown \xrightarrow{h\nu} [\bigcirc\!\!\!\!\!\cdot Cr(CO)_4]$ $[Cp_2Mo(CO)] + CH\equiv CH \xrightarrow{h\nu}$ $[Cp_2Mo(CH\equiv CH)]$ 配位子で起る置換 $Fe + CCl_4 + EtOH \xrightarrow{h\nu}$ Fc—COOEt	$[Fe(CN)_6]^{4-}$は, d-d励起ではCN^-を解離するが, 短波長のCTTSでは電子を放出する. $[Fe(CN)_6]^{4-} \xrightarrow[254\,nm]{h\nu}$ $[Fe(CN)_6]^{3-} + e^-$ $([Ru(bpy)_3]^{2+})^*$は, 相手に応じて, 酸化または還元をする. 励起錯体と反応相手の酸化還元電位に依存する. $([Ru(bpy)_3]^{2+})^*$ $\downarrow Tl^{3+} \quad [Mo(CN)_8]^{4-}$ $[Ru(bpy)_3]^{3+} + Tl^{2+}$ $[Ru(bpy)_3]^+$ $[Mo(CN)_8]^{3-}$

7.2 ● 結合の開裂

　光反応の初期過程は，**結合の開裂**による活性種の生成である場合が多い．結合の切断は ① **ヘテロリシス**である場合もあるが，大部分は ② **ホモリシス**によるラジカルの生成である．また ③ **カルベン**種が生成する場合もある．結合切断で重要なものに，④ 光電子移動によるラジカルイオンの生成がある．表のハロゲン化合物の光反応の項には，これらの例を全て見ることができる．

　前にも何度か書いたように，可視・紫外光のエネルギーは通常の結合の結合エネルギーに匹敵するので，光励起によって，いくつかの結合が並行して切れることがある．カルボン酸エステルでは表にも示したように，a, b, c の結合開裂が起こり得る．

$$R\underset{a}{-}\overset{\overset{O}{\|}}{C}\underset{b}{-}O\underset{c}{-}R'$$

　しかし一般的には，分子の中で弱い結合が選択的に切れることが多い．過酸化物，アゾ化合物など熱分解によってラジカル開裂をする分子は光照射によっても同じように分解する．光反応の形式は熱反応と同じであるが，ラジカル発生を低温で行える点，レーザー技術などを利用し光を絞って局所的に反応を起こすことができる点など，光を用いる利点を生かし，実用的な価値は高い．

　無機酸エステル，特に亜硝酸エステルの光分解を利用した **Barton 反応**は光反応の利点がよくわかる例である．

この反応のポイントは，① 亜硝酸エステル −O−NO の光分解で−O· ラジカルと，ラジカル捕捉剤である NO が生成すること，② −O· が近くにある H を引き抜くこと〔立体配座の固定した縮合多環化合物の場合には，それが特定され，反応が選択的に起ることになる．上の例ではアキシアル結合で垂直に立った −O· が，これもアキシアルにある核間メチル (angular methyl．二つの環の結合部にある CH_3 基) の H に近いため，その H を選択的に引き抜く〕，③ このようにして生じたアルキルラジカルと NO (·N=O は安定ラジカルで，ラジカルと親和性が大きい) とが結合し，④ さらに >CH−NO が >C=NOH (アルデヒド・ケトンのオキシム) に異性化する．>C=NOH は加水分解すればカルボニル化合物だから，Barton 反応は，他の方法では"加工"することが困難な核間メチル基を，反応性に富んだアルデヒド基に選択的に変換することを可能にしたもので，反応として巧妙であるばかりでなく，実用的な意味も大きい．

7.3 異性化・転位

　光反応では**異性化・転位**が熱反応にくらべてはるかに多い．異性化の機構には，結合開裂で生じた活性種の再結合によって起るものと，励起状態での結合の組換えによって起る場合とがある．後者は励起状態での原子間の親和性が基底状態での結合状態と異なるため起るものである．この型の反応は原子価異性と呼ばれていて，ベンゼン→Dewar ベンゼンおよびベンズバレン，複素芳香族化合物の異性化，ジπメタン転位など多くの例をあげることができる．
　前者，結合開裂によってひき起される異性化の例としては，光 Claisen 転位，光 Fries 転位などがある．金属錯体でも重要な反応になっている．前節で述べた Barton 反応も，反応の形式としては転位反応である．

7.4 付加環化

付加環化は光反応と熱反応の本質的な違いを示すもので (4.4.2項)，それだけに，光化学の実用化の面でも重要である．表の中でも多くの例を見ることができる．

これには，①アルケンの [2+2] **付加環化**や，ベンゼンとアルケンのいろいろな型の付加環化などのように1段階で協奏的に反応が進む場合と，②ケトンとアルケンとの光反応での4員環オキセタンの生成のように，ラジカル的付加反応による2段階反応である場合とがある．

7.5 閉環・開環

閉環・開環も光反応の重要な特徴である (4.4.2項)．共役系への光照射による閉・開環は，現象的には物質の可逆的な色の変化，すなわち**フォトクロミズム** (photochromism) をひき起す．例えば

（無色） ⇄(紫外光/可視光) （赤）

光記録材料としてすぐれている

で色が大きく変る．照射する光の波長によって，反応を左へも右へも進めることができる．この現象は書き換え可能な光メモリーに利用される (13.2節参照)．

7.6 付加と置換

付加反応，**置換反応**の多くは，光開裂で生じたラジカル種などによる反応であり，連鎖反応で進行することが多い．この場合，光は連鎖開始過程にだけ関与し，持続反応は熱的反応と同じになる．連鎖反応では，わずかな量の光の照射で多量の生成物が得られるため有機合成への応用が広い．光重合は歯科の治

療などにも応用されていて，身近なものになっている．

金属錯体においても光置換は重要である．

光付加反応の例

●ハロゲンの付加

$$Cl_2 + CF_3CH=CH_2 \xrightarrow{h\nu} CF_3CHClCH_2Cl \quad (80\%)$$

●ハロゲン化水素の付加（HBr の反 Markovnikov 付加）

$$C_2H_5CH=CH_2 + HBr \xrightarrow{h\nu} C_2H_5CH_2CH_2Br \quad (92\%)$$

$$CH_3C\equiv CH + HBr \xrightarrow{h\nu} \underset{H}{\overset{CH_3}{>}}C=C\underset{H}{\overset{Br}{<}} \quad (88\%)$$

$$CF_3CH=CH_2 + HBr \xrightarrow{h\nu} CF_3CH_2CH_2Br \quad (90\%)$$

●ポリハロゲノメタンの付加

$$PhCH=CH_2 + CBr_4 \xrightarrow{h\nu} PhCHBrCH_2CBr_3 \quad (96\%)$$

$$CH_3COOCH=CH_2 + BrCCl_3 \xrightarrow{h\nu} CH_3COOCHBrCH_2CCl_3 \quad (90\%)$$

$$CH_3C\equiv CH + ICF_3 \xrightarrow{h\nu} CH_3CI=CHCF_3$$

$$CH_3CH=CH_2 + HCCl_3 \xrightarrow{h\nu} CH_3CH_2CH_2CCl_3$$

これらの反応は，$\cdot CX_3$（X はハロゲン）ラジカルの $>C=C<$ に対する付加によって開始される．

●H_2S, HSR の付加（$\cdot SH$, $\cdot SR$ を鍵中間体とする反応）

$$CH_3CH=CH_2 + C_3H_7SH \xrightarrow{h\nu} (CH_3CH_2CH_2)_2S \quad (96\%)$$

●ホスフィンの付加

$$CF_2=CF_2 + PH_3 \xrightarrow{h\nu} CF_2HCF_2PH_2 \quad (86\%)$$

●アルデヒドの付加

$$R'CH=CH_2 + RCHO \xrightarrow{h\nu} R'CH_2CH_2COR$$

この反応は励起アルデヒドによるアルデヒド水素の引き抜きによって開始される．

$$RCHO^* + RCHO \longrightarrow R\dot{C}HOH + R\dot{C}O$$

$$R\dot{C}O + R'CH=CH_2 \longrightarrow R'\dot{C}HCH_2COR$$

$$R'\dot{C}HCH_2COR + RCHO \longrightarrow R'CH_2CH_2COR + R\dot{C}O$$

類似の反応として，励起カルボニルの水素引き抜きによって，炭素ラジカルを作り出し，付加反応を行わせることもできる．$HCONH_2$ などの付加が合成的にも有用である．

$$CH_3(CH_2)_4CH=CHCOOR + HCONH_2 \xrightarrow[\text{ベンゾフェノン}]{h\nu} \underset{\underset{CONH_2}{|}}{CH_3(CH_2)_4CH_2CHCOOR}$$

光置換反応の例

●光ハロゲン化

$$PhCH_3 + Cl_2 \xrightarrow{h\nu} PhCH_2Cl,\ PhCHCl_2,\ PhCCl_3$$

$$CHF_2CH_3 + Cl_2 \xrightarrow{h\nu} ClCF_2CH_3 \quad (>95\%)$$

●スルホクロロ化，スルホ酸化

$$RH + Cl_2 + SO_2 \xrightarrow{h\nu} RSO_2Cl$$

$$RH + SO_2 + O_2 \xrightarrow{h\nu} RSO_3H$$

スルホ酸化は，光反応で生じた R・ラジカルによる次のような過程で進行する．

$$R\cdot + SO_2 \longrightarrow RSO_2\cdot$$

$$RSO_2\cdot + O_2 \longrightarrow RSO_2OO\cdot$$

$$RSO_2OO\cdot + RH \longrightarrow RSO_2OOH$$

生じる過酸化物を SO_2 が還元する．

$$RSO_2OOH + SO_2 + H_2O \longrightarrow RSO_3H + H_2SO_4$$

光ニトロソ化 (p. 45, 166)，Barton 反応 (p. 118) もこの型の反応に属する．

7.7 酸化と還元

　光による酸化で最も重要なのは，励起状態の酸素分子である**一重項酸素による酸化**である．基底状態の酸素分子による**自動酸化**とは反応が異なっており，有機合成への応用も広い．本章の後半では酸化を高い視点から眺めて，光酸化の特徴を理解することにしよう．また光によってラジカルが発生し，O_2 があれば自動酸化が連鎖的に進行する．これもよく合成に利用される．

　酸素分子のかかわらない酸化反応としては，光による電子の放出がある．金属（イオン，金属錯体）は可視・紫外光によって電子を放出することがある．金属の側から見ると酸化であるこの反応は，電子を発生しており，この電子をうまく利用できれば，植物の光合成における還元の部分のモデルを作ることができる．

7.8 一重項酸素による酸化

　官能基に基づく光反応の型の分類という本章の方針とは合致しないが，ここで光酸化の一つの特徴である一重項酸素による酸化について特に節を設けて学んでおこう．

　まず，酸化の中で，一重項酸素酸化を位置づけよう．

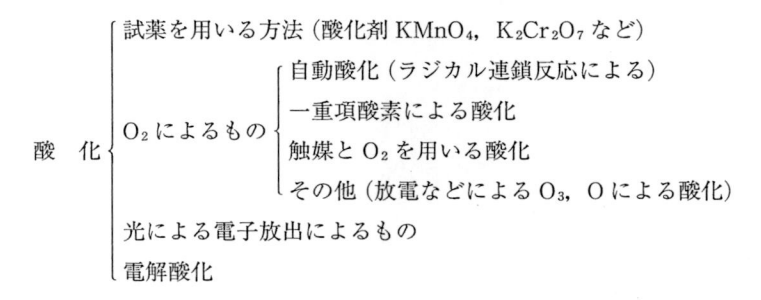

酸　化
- 試薬を用いる方法（酸化剤 $KMnO_4$，$K_2Cr_2O_7$ など）
- O_2 によるもの
  - 自動酸化（ラジカル連鎖反応による）
  - 一重項酸素による酸化
  - 触媒と O_2 を用いる酸化
  - その他（放電などによる O_3，O による酸化）
- 光による電子放出によるもの
- 電解酸化

　試薬による酸化は，特別な装置・技術を必要としないなど簡便であるが，公害のもとになる重金属を使うことが多く，また，反応後，重金属化合物を含む反応混合物の中から生成物を分離・精製するのに手間がかかるなどの欠点がある．これに対して，O_2 を用いる方法は，特別な装置あるいは技術が必要なも

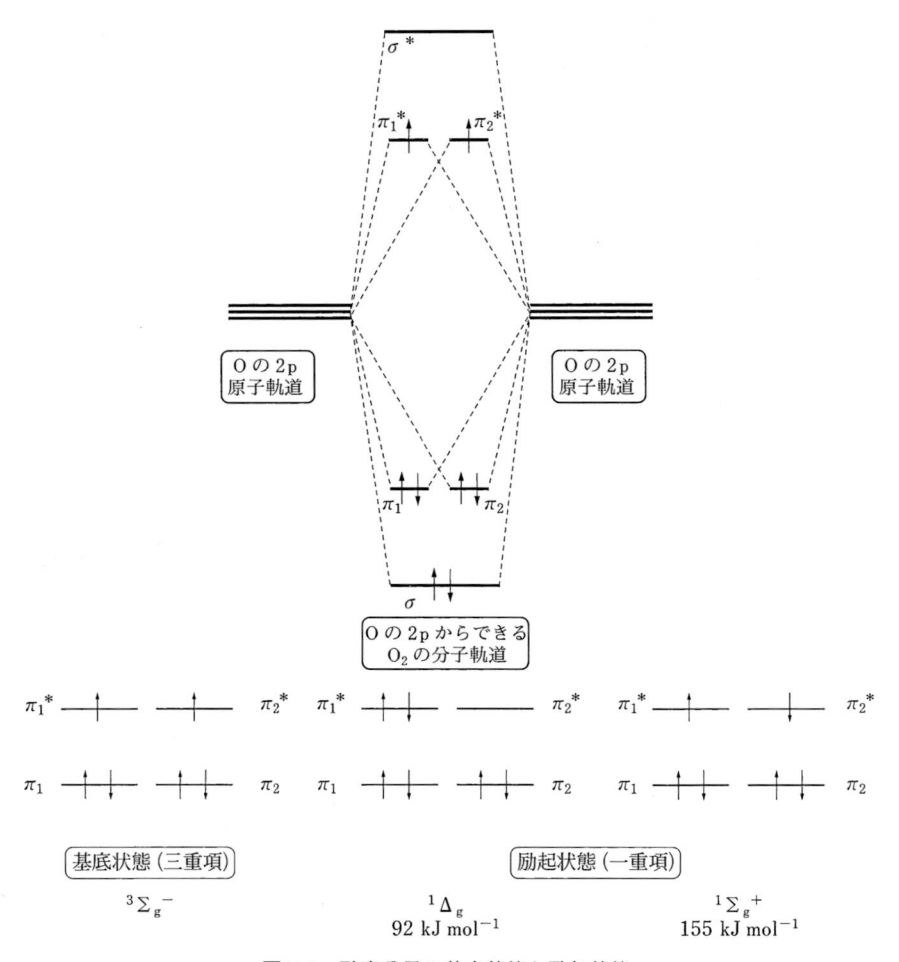

図7.1 酸素分子の基底状態と励起状態

| | 基底状態（三重項） | 励起状態（一重項） | |
| | $^3\Sigma_g^-$ | $^1\Delta_g$
 92 kJ mol^{-1} | $^1\Sigma_g^+$
 155 kJ mol^{-1} |

のの，反応後，重金属化合物のような廃棄に困るものが出て来ない．したがって反応が収量よく進むなら理想的な方法になり得るものである．

まず，一重項酸素について説明しよう．酸素分子の結合を分子軌道法によって考察する．

酸素原子は3個のp軌道を持っており，その中の一つを使ってσとσ^*の軌道が作られる．残りのp軌道は，σ, σ^*に使われたものと垂直の方向を向いて

7.8 一重項酸素による酸化

おり，それぞれが，相手方の酸素原子の p 軌道と相互作用して $\pi_1, \pi_1{}^*, \pi_2, \pi_2{}^*$ 軌道を生み出す．この軌道に酸素分子の p 軌道に収容すべき電子 8 個をエネルギーの低い軌道から順に詰めていくと，$(\sigma)^2(\pi_1)^2(\pi_2)^2(\pi_1{}^*)^1(\pi_2{}^*)^1$ が，O_2 の基底状態の電子配置になる（$\pi_1{}^*, \pi_2{}^*$ は縮重した軌道であり，Hund 則に従って 1 個ずつの電子が入る）．$\pi_1{}^*, \pi_2{}^*$ の不対電子はスピン状態が同じである三重項の方が，スピンが逆になる一重項よりも安定になる．したがって，基底状態の電子配置は，図 7.1 のようになる．通常の分子は不対電子を持つことがないのに，O_2 分子は基底状態でビラジカルの性格を示す特異な化学種である．このビラジカルの性質がラジカルとの親和性となって自動酸化をひき起す．

酸素分子を励起するということは，この電子配置を変えることである．励起状態の中で最もエネルギーの低いものは図 7.1 に示す $^1\Delta_g$ で，同じ軌道に 2 個の電子がスピンを逆にして入っている．この状態は一重項で，基底状態より 92 kJ mol^{-1} エネルギーが高い．次にエネルギーの低い状態は $^1\Sigma_g{}^+$ で，$\pi_1{}^*, \pi_2{}^*$ 軌道に 1 個ずつスピンを逆にして電子が入っている．これも一重項状態で 155 kJ mol^{-1} のエネルギーを持っている．

$^1\Delta_g$ が反応に関与する一重項酸素であり，基底状態とはスピン状態が異なるため寿命が長く（気体で 7～12 s, 溶液中で 10^{-3} s），様々な反応を起す．

基底状態の O_2 はビラジカルの性質を持っていて，**自動酸化**と呼ばれている連鎖反応でヒドロペルオキシドを生成する（例えば，イソプロピルベンゼンの自動酸化）．

Ph-CH(CH$_3$)$_2$ →(ラジカル)→ Ph-C·(CH$_3$)$_2$ →(O_2)→

Ph-C(CH$_3$)$_2$-O-O· →(PhCH(CH$_3$)$_2$)→ Ph-C(CH$_3$)$_2$-OOH + Ph-C·(CH$_3$)$_2$

これに対して，一重項酸素は，次の三つの型の反応を起す．

① [4＋2] 付加環化

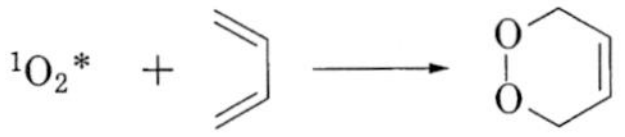

$$^1O_2^* + \text{(diene)} \longrightarrow \text{(endoperoxide)}$$

② **エン反応** (二重結合への $-O-OH$ の付加と二重結合の移動)

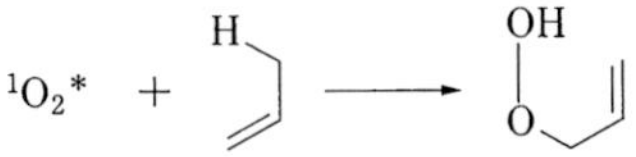

$$^1O_2^* + \text{(allylic H alkene)} \longrightarrow \text{(allyl hydroperoxide)}$$

③ [2＋2] 付加環化

$$^1O_2^* + \text{(alkene)} \longrightarrow \text{(dioxetane)}$$

①～③ の代表的な例を次にあげよう．

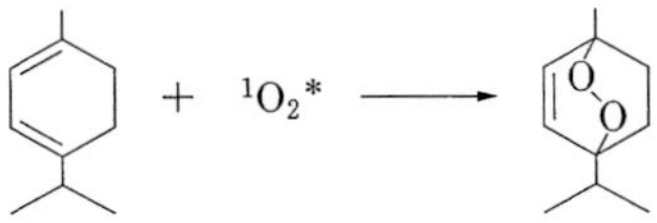

([4＋2] 付加環化)

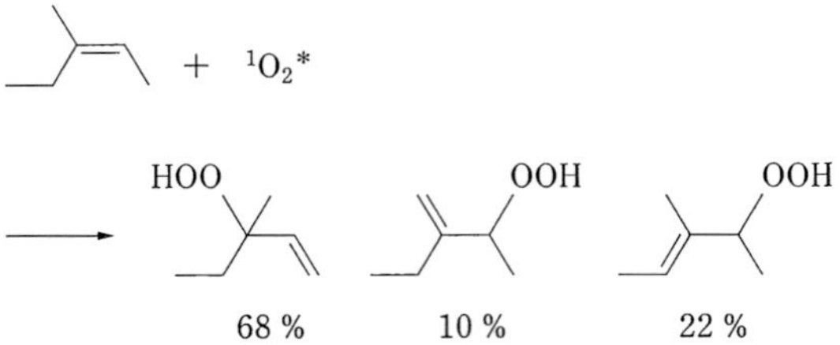

(エン反応)

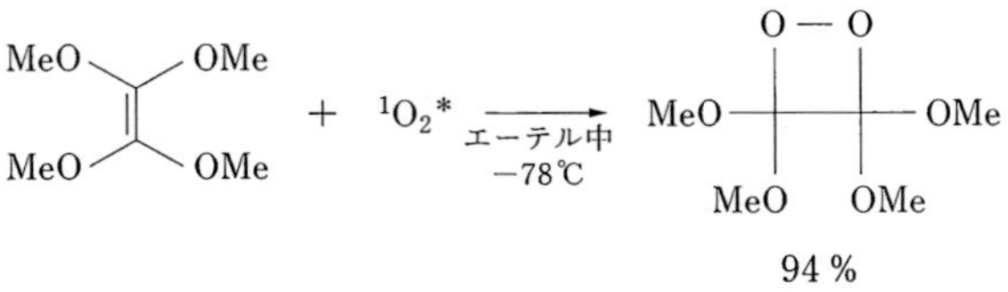

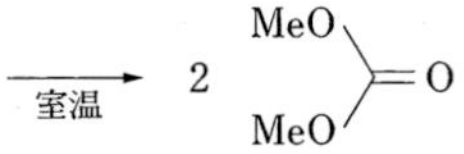

68 %　　10 %　　22 %

$$\text{(MeO)}_2C=C(\text{OMe})_2 + {}^1O_2^* \xrightarrow[-78℃]{\text{エーテル中}} \text{(dioxetane, 4 OMe)} \quad 94\%$$

$$\xrightarrow{\text{室温}} 2\ \text{(MeO)}_2C=O$$

([2＋2] 付加環化)

7.8 一重項酸素による酸化

最後に,一重項酸素の発生方法について述べよう.熱反応による生成法もいくつか知られているが,光増感による方法が便利である.酸素の励起は多重度の変化が伴うので直接には起り難く,三重項エネルギー移動が利用される.

$$^1S\,(増感剤) \xrightarrow{h\nu} {}^1S^* \longrightarrow {}^3S^*$$

$$^3O_2 + {}^3S^* \longrightarrow {}^1O_2 + {}^1S$$

酸素の励起には $100\,\mathrm{kJ\,mol^{-1}}$ 程度のエネルギーしか必要としないので,長波長光を利用する増感剤(色素)が使われる.メチレンブルー,ローズベンガルなどが用いられる.

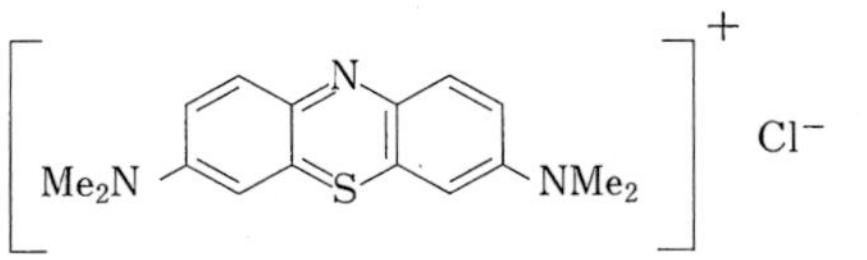

メチレンブルー

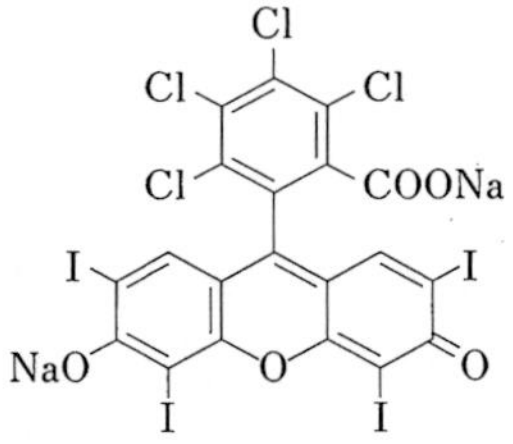

ローズベンガル

一重項酸素は,スーパーオキシドアニオンラジカル (O_2^-),ヒドロキシラジカル (·OH),過酸化水素 (H_2O_2) とともに"活性酸素"と呼ばれていて,生物の老化を引き起こすものとして,一般市民からの関心も高まっている."活性酸素"の中でも一重項酸素は,生物の老化に大きな役割を果すものと考えられている.

第8章　光化学の実験的方法 I
― 光反応による物質の合成 ―

　光反応は，化学者にとって容易に利用することのできる技法である．特に凝った仕事をしない限り，太陽光や殺菌灯を用い，パイレックスガラスのフラスコや簡単な石英容器の中で反応させることができる．化学者は気楽に"光反応"を試してみるとよい．これによって，新しい展開が開けてくることも多いのではないだろうか．本章では，物質を作り出す目的で光反応を利用する場合の基礎知識（光源，照射容器）について略述する．

　光反応を適用するにあたって考慮すべきことは

① **どの波長の光が有効か？** したがって，どの光源を用い，どんな材質の容器を用いて反応させればよいか？

② 光反応によって，**どれほどの量の物質を作り出すことを期待しているか？** したがって，どんな出力の光源を用い，どんな濃度の溶液を，どのくらいの量用いて，何時間照射するか？

の2点であろう．光反応の利用というと，第一点がすぐに頭に浮かぶが，第二点も重要なポイントであって，反応に必要な光を透過する容器（石英かガラスか）の中で，適当な濃度[†]の溶液を用い，光源から出てくる光が十分利用できるように工夫することが必要であろう．

[†] 光反応の実施の前には，原料の紫外・可視の吸収スペクトル（おおよそのモル吸光係数の値も含めて）を測定しておくとよい．反応に適した光源が選べる上，反応に適切な濃度をきめることができる．原料の濃度が高すぎると光が透過せず，容器の壁の近くで反応が起るだけで，その部分での反応も二次的・三次的な反応を起してしまい，壁にタール状物質が付着するだけという結果になりやすい．一方，原料の濃度が低すぎると，光が無駄に透過してしまう．

8.1 ◉ 光　源

　光源を発光の機構の面から分類すると，**表8.1**のようになる．光の発生の機構は，励起原子・分子あるいはエキシマーの遷移によるものと，加熱による放射（黒体放射に近いもの）に大別され，励起種からの発光は定常的（時間的に連続）なものとパルス的な**レーザー**とに分けられる．

　励起種からの発光は，基本的には特定の波長の光だけが出てくる輝線スペクトルである〔**水銀ランプ（水銀灯）**の場合，気体の励起水銀原子からの発光を利用しているが，水銀蒸気の圧力が，数 Torr（1 Torr = 1 mmHg = 133 Pa）の低圧水銀ランプでは 254, 185 nm の光が大部分である〕．しかし封入されている発光気体の圧力が高くなってくると，自己吸収や相互作用によって光の相対強度が変ってくる（**図8.1**に水銀ランプの例を示す）．また線幅が広くなってきて，波長分布が連続に近づいてくる（**図8.2**の超高圧水銀ランプからの光の分布は，低圧水銀ランプの波長分布と異なる）．

　励起原子からの発光は，特定波長の光を得るのに重用されるが，そのためには気体状の原子が，かなりの圧力で得られなければならない．希ガス（Ne からの赤い発光は，ネオンサインに利用される），アルカリ金属〔Na からの発光

表8.1　発光機構から見た光源の分類

		定常光	レーザー光
励起原子・分子あるいはエキシマーからの発光	放電などの方法で作り出された気体の励起原子・分子，エキシマーからの発光	水銀ランプ（低圧，高圧，超高圧） 金属蒸気ランプ 希ガス共鳴線ランプ 希ガスショートアークランプ 重水素ランプ 金属ハライドランプ	エキシマーレーザー CO_2 レーザー
	溶液中の励起溶質分子からの発光		色素レーザー
	固体からのルミネッセンス	蛍光灯 EL（エレクトロルミネッセンス）	YAG レーザー ルビーレーザー
	加熱された物体の放射	タングステンランプ ハロゲン電球	

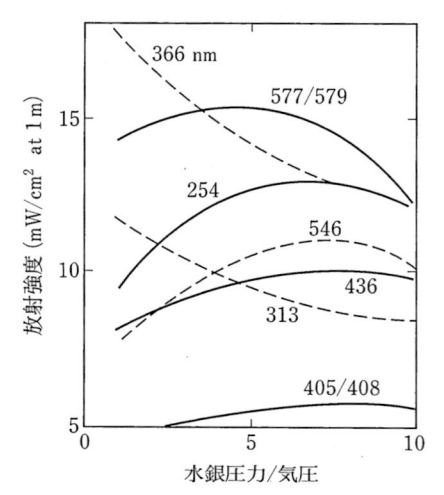

図 8.1 高圧水銀ランプにおける電気入力一定（160 W/cm）のときの水銀の各波長の放射強度と圧力の関係
電気入力：160 W/cm，アーク長：50 cm，放電管内径：2.2 cm，放射強度：放電管中央より 1 m のところでの値

であるNa D線の黄色の光（590 nm）は，トンネルなどの照明のナトリウムランプとして利用される〕，水銀などは揮発性が高いので光源の材料として用いられる．光化学によく用いられる光源の特徴を**表 8.2**（p.132）にまとめた．

揮発性の原子の種類は少ないので，必要な波長の光を自由に得ることは難しい．蒸気圧の低い原子からの発光を利用するためには，水銀と他の金属の蒸気を混在させるということによって，励起水銀からのエネルギー移動で，他の金属の励起原子を作り出すという間接的な方法がとられる．この方法によって，次のような光源が作り出されるようになった[†]．

　Ga/Hg ランプ：Ga の 417, 403 nm 光を放射

　Tl/Hg ランプ：Tl の 535, 378, 352 nm 光を放射

　Pb/Hg ランプ：Pb の 406, 368, 363 nm 光を放射

[†] ウシオ電機株式会社の資料による．

8.1 光源

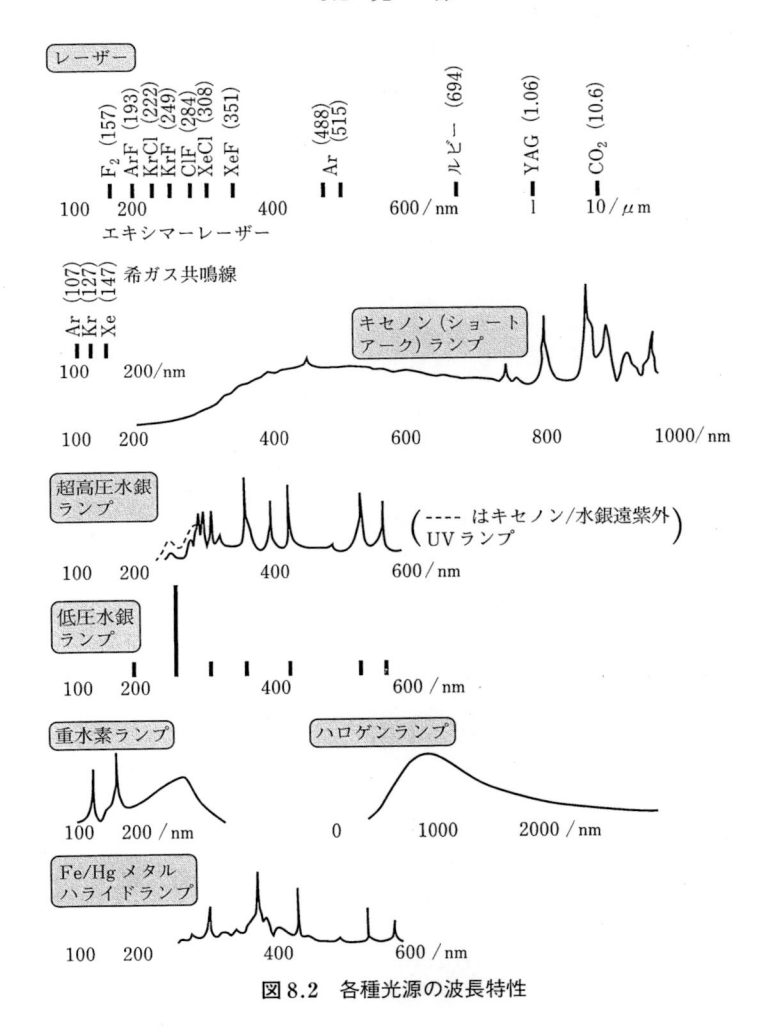

図8.2 各種光源の波長特性

加熱された物体からの放射は黒体放射 (p. 199 参照) とみなせるものであり，ある範囲の波長領域の光をまんべんなく持つ．タングステンランプが代表的な光源である．

有機合成の目的には，高圧水銀ランプがよく用いられる．高圧水銀ランプは封入される水銀の圧力によって波長特性が変ることに注意しなければならない．図 8.1 に見られるように，光化学で重要な 313, 366 nm などの紫外領域の

第8章 光化学の実験的方法 I ― 光反応による物質の合成 ―

表8.2 よく用いられる光源

		波長特性	発光強度	ランプの形
低圧水銀ランプ	希ガス中にHg蒸気を数Torrになるよう封入したもの．アーク放電で励起．	254, 185 nm	80 mW/cm^{2}程度（～10^{17}光子/cm^2 s）	発光面積が広く点光源にならない．殺菌灯として市販されている．
高圧水銀ランプ	希ガス中にHg蒸気を数atmになるように封入したもの．マイクロ波，アーク放電で励起．	図8.1参照	電気入力の約1/4が紫外線に変換（～10^{18}光子/cm^2 s）．	発光面積はやや小さい．水冷が必要．
超高圧水銀ランプ	希ガス中にHg蒸気を10 atm程度になるように封入したもの．アーク放電で励起．	図8.2参照	～0.4 mW/cm^2	点光源
キセノン（ショートアーク）ランプ	Xeを数十atmに封入したもの．アーク放電で励起．	図8.2参照．波長特性が太陽光に似ている．	電気入力の40～50％が光に変換．	点光源

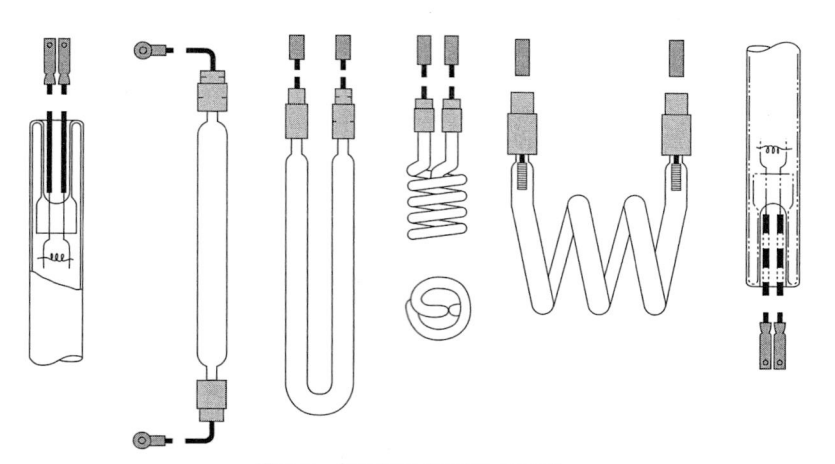

図8.3 各種低圧水銀ランプの形

8.1 光　源

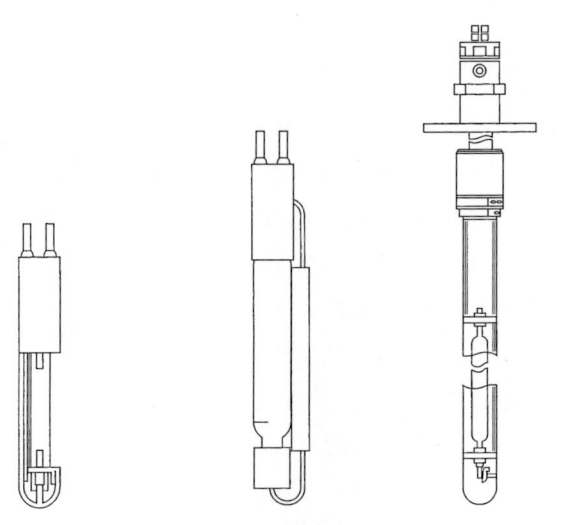

図 8.4　高圧水銀ランプの形

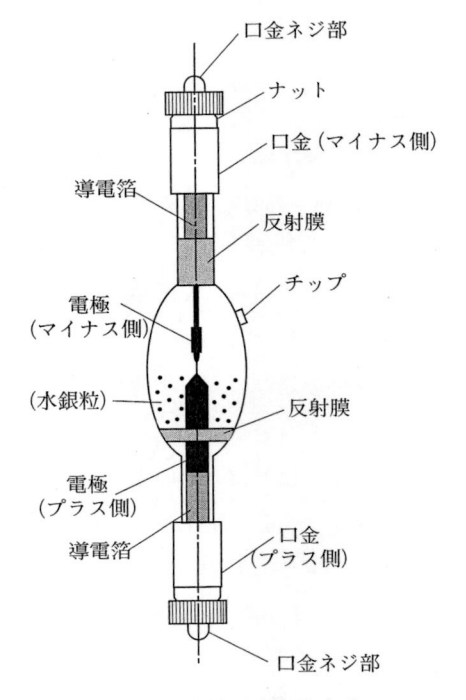

図 8.5　超高圧水銀ランプ

光は，水銀の圧力の小さいところでたくさん出る．

レーザーは，今のところ有機合成に用いるには高価すぎるが，装置の価格が下がり，耐久性の問題が解決すれば，有機合成化学にもどしどし取り入れられるようになろう．レーザーを利用した有望な合成反応も提案されている．各種レーザーの波長特性もあわせて図8.2に示した．

実用面からは光源の形状も重要である．低圧水銀ランプは，発光する管の部分をいろいろに細工して使う（図8.3）．高圧水銀ランプは，図8.4のような形をしている．高圧水銀ランプは，低圧水銀ランプにくらべ消費電力が大きく熱も出るので，冷却の必要がある．

超高圧水銀ランプは，図8.5のような点光源である〔キセノン（ショートアーク）ランプも同じ形をしている〕．点光源からの光はレンズ，回折格子などを組み合せることにより集光，分光などができるので，フォトレジストなどの目的に便利に使える．

8.2 ● 単色光の取り出し

光源は，連続スペクトルを発生するものはもちろん，共鳴線を利用するものでも，いくつかの波長の光を同時に発生するので，単色光で照射する必要のあるときは，実験に工夫が必要である．

単色光が必要になるのは，次章で述べる反応機構研究の基礎としての量子収量の波長依存性の測定においてだけではない．有機合成を目的とするときでも，他の波長の光による副反応を避け，高選択的な反応を行おうとする場合に必要となる．

レーザー光はきわめて純粋な単色光に近いのでその必要はないが，一般の定常光を単色化する（輝線の場合は一定の波長の光を取り出す．連続スペクトルの場合は，ある波長範囲の光を取り出す）には次の方法がある．

① 回折格子あるいはプリズムで分光する．
② フィルターによって，一定波長の光だけを透過させる．
フィルターには色ガラスフィルターや，干渉フィルター[†1]（脚注次ページ）

のように板状のもので市販品が得られるものと，適当な化合物の溶液を用いるものとがある．いくつかのフィルター溶液の処方を示す[†2]．

(a) 高圧水銀ランプからの 254 nm 光の取り出し用：100 cm^3 の水の中に $NiSO_4 \cdot 6H_2O$ 27.6 g を溶かした溶液を 5 cm の厚さで用いる．

(b) 高圧水銀ランプからの 313 nm 光の取り出し用：0.178 mol L^{-1} の $NiSO_4$ 水溶液を 5 cm の厚さで用いる．

(c) 高圧水銀ランプからの 365, 366 nm 光の取り出し用：100 cm^3 の水に $CuSO_4 \cdot 5H_2O$ 5.0 g を溶かした溶液を 10 cm の厚さで用いる．

フィルター溶液は石英（可視光の場合はガラス）のセルに満して，光源と照射試料の間に挟む．8.3 節で述べる内部照射装置を用いる場合は，冷却水として循環させて使うとよい．

8.3 ● 照 射 容 器

照射容器の設計に際しては

① 容器の材質を何にするか

② 光源を照射容器の中に置くか外に置くか

③ 光が有効に利用でき，反応に便利な容器の形はどういうものか

を考えることが必要である．

光反応を行うためには，容器の壁を光が透過しなければならない．300 nm より長波長の可視光を用いる場合には，硬質ガラス製の容器で光反応を行えばよいが，低圧水銀ランプからの 254 nm の光を用いる場合には，石英ガラス製の容器で，さらに 185 nm 光（254 nm 光とともに低圧水銀灯より出ている）を用いる場合には，特に純粋な石英 suprasil 製容器で光照射を行わなければならない．種々の材料の透過度を**表** 8.3 に示す．実際に光反応を行うときには，こ

[†1] 色ガラスフィルター，干渉フィルターは市販のものが容易に手に入る．
[†2] フィルター溶液の処方については，次の文献にくわしい．日本化学会編：新実験化学講座 14 有機化合物の合成と反応 V, pp. 2617-2620（丸善, 1978）．あるいは，J. G. Calvert, J. N. Pitts：Photochemistry, Wiley (1966).

表 8.3　光学材料の透過の波長限界

	厚さ mm	50 % 吸収の波長 nm	30 % 吸収の波長 nm	10 % 吸収の波長 nm
窓ガラス	1	316	312	307
Pyrex	2	317	309	297
Corex D	2	288	280	267
Vycor	2	223	217	213
石英（天然）	10	194	181	172
石英 suprasil	10	170	168	166

の表を参考に容器の材質を選ぶ必要がある．

　照射容器の形に関しては，まず外部照射，内部照射のどちらを選ぶかが問題となろう．**外部照射**は照射容器を比較的自由に作り，離れた位置に置いた光源から光照射するものであり，**内部照射**は例えば**図 8.6**（高圧水銀ランプを用いた場合）のような装置を用いて，照射溶液の中に光源を浸し，光源から出てくる光を 100 % 周囲の試料に吸収させ利用しようとするものである．低圧水銀ランプはランプを直接溶液に浸すこともできるが，高圧水銀ランプは多量に発生する熱を除去するため，水冷用のジャケットをつける．冷却用ジャケットにフィルター溶液（ある波長の光を通し，他を吸収して通さないように作った溶液．8.2 節参照）を流すことによって，副反応の原因となる光をカットすることもできる．

　　　　　　　　　　内部照射，外部照射の特徴は**表 8.4**のようにまとめられよう．目的に応じて二つの方法は使いわけられる．

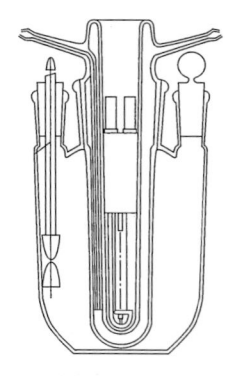

図 8.6　内部照射型装置の一例

8.4 光照射試料の調製と照射

表8.4 内部照射と外部照射の比較

内部照射	外部照射
光源が溶液に囲まれているので，光の利用効率がよい．生成物の量が多いので，物質製造（合成）に適している．細かく反応条件を設定することが難しい．光源の表面にタール状の物質がつき，表面が汚れ，光の透過が悪くなって光源を台なしにする危険がある．	光源から出る光の一部しか使えないので，光の利用効率が悪い．反応条件の設定が簡単．単色光照射も容易．反応機構の研究に適している．光反応でタール状の物質が生成しても，光源をだめにすることはない．

8.4● 光照射試料の調製と照射

光反応を実行しようとするとき，次の手順で実験を進めるのがよいであろう．

① 原料の吸収スペクトルを測定する．

② 反応に適当な光源を選び，合成したいと思う目的物が必要量得られるように，また，光反応がスムーズに進行するように，モル吸光係数を考慮して，溶液の濃度と量をきめる．溶媒は基質の吸収を邪魔しないものを選ぶ．必要なら増感剤を入れる．増感剤の濃度も，光吸収を考慮して増感剤が選択的に光を吸収するようにきめる．

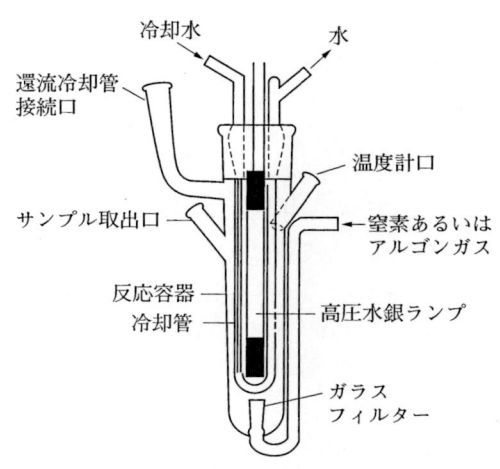

図8.7 不活性ガス通気下での照射
　　　一重項酸素による酸化の場合は，この装置を用いて
　　　O_2 あるいは空気を吹き込めばよい．

③ 適当な照射容器を選ぶ．光反応は酸素によって影響を受けることが多いので，十分配慮する．酸素酸化を行うときは，図8.7のような装置を使って空気を吹き込み，酸素を供給するとともに，撹拌の役に立てる．酸素によって望ましくない反応が起ってしまうときは，N_2やArを吹き込む．いずれにしても，光反応は光のあたる器壁の近くで起りやすい不均一なものなので，十分な撹拌が必要である．

④ 適当な反応時間で止める．光反応生成物が，さらに光を吸収して二次的な反応を起してしまうこともあるので，適当なところで照射を停止する．そのためには，反応物をガスクロマトグラフィーや薄層クロマトグラフィーでチェックすることも有効である．

⑤ 反応後の生成物の分離・精製は，一般の反応と同じであるが，酸化の場合などは爆発性の過酸化物ができていることがあるので注意する．

▶▶コラム

機能性色素

　天然色素としての染顔料は，太古の昔から使われてきた．合成染料モーブの発見（1856年）は，多種多様の色素材料を生み出すきっかけとなっただけでなく，有機合成化学工業の創始として位置づけられる．この分野は，その後，医薬品や高分子の合成へと飛躍的な発展を遂げた．機能性色素（functional dyes）とは，1970年代に日本の化学者によって提出された概念で，染顔料以外の新しい機能を持つ色素と定義される．この概念のもとで，主にエレクトロニクス関連の新素材が次々と創出された．感熱紙や感圧紙は，染顔料ではタブーとされた色変化を利用した情報記録素材である．色そのものを利用する記録材料として，インクジェット用色素，カラートナー，カラーフィルター用色素などもある．カラーフィルターは，情報表示用として液晶パネルにも使われている．色素の電気的性質など，色以外の機能に注目した利用として，有機光伝導体（OPC），有機EL，色素レーザー，赤外線吸収色素，フォトクロミック化合物などがある．これらの他，蛍光プローブや色素増感太陽電池用の素材が分析やエネルギー関連で用いられるなど，機能性色素は幅広い分野で重要な働きを演じている．

第9章 光化学の実験的方法 II
― 光化学反応機構の解明 ―

　熱反応と異なり，光反応は（電子的）励起状態から反応が始まる．これから生成物に至る過程で，どのような反応中間体が反応に関与しているかを明らかにし，その相互関連を調べることが反応機構の解明である．反応機構を明らかにすることによって，光化学を統一的に理解するとともに光反応を制御し，実用的な光反応を開発する道を拓くことができる．

　光反応の機構解明の手法は，熱反応の機構解明の手法とくらべて，どこが共通でどこが特別なのだろうか？　この点に注目しながら，有機光化学の反応機構研究の方法を考えてみよう．

9.1 ● 光化学反応の機構の解明 ―概観―

　反応機構の解明とは，反応物が生成物に至るまでにどのように形を変えていくかを描写し，その必然性を理由づけることである．それゆえ，反応中間体を同定し，それらを結びつけながら反応の過程を構築していくという作業が，反応機構の解明ということになろう．

　分子は小さくて，その一つ一つを見ることはほとんど不可能であり，また，反応はごく短い時間の間に完了してしまう．10^{-6} s もかかる反応は希で，10^{-10} s もかからない過程も多い．一般の熱的な有機反応では，1930年ごろから反応機構に関心が向けられるようになり，反応速度の解析などによって"目に見えない分子"の"目にもとまらぬ速い反応"の過程を"見てきたように描写する"ことができるようになってきた．

　光反応の機構も，一般の反応の機構と重なる部分が多い．しかし，重要な違いが一つあり，それは電子的励起状態がかかわることである．光化学過程は

表9.1 励起種を同定するための方法

励起種の直接観測（励起種と電磁波の相互作用を利用する）	励起種による電磁波の吸収の観測（励起種をいちどきに多量に作り出す方法と併用）	閃光光分解によって作り出した励起種による吸収の観測（スペクトルの測定，生成・減衰の速度論的解析）
	励起種からの電磁波の放出の観測	蛍光・りん光の測定（スペクトルの速度論的解析）
	光反応を起こす吸収帯の性格の考察	量子収量の測定，反応の波長依存性
	励起種の性格が反映する二次的現象の観測	CIDNP，CIDEP など
励起種の性格を間接的に推定する	添加物効果	増感・脱活性（速度論的解析）など
	反応環境の影響	溶媒効果，磁場効果など
	構造と反応性との関連性	置換基効果，重原子効果など
理論的解析		量子化学的計算による励起状態の性格の解析

$$\text{反応物分子} \xrightarrow{\text{光吸収}} \text{励起分子} \longrightarrow \left\{\begin{array}{l}\text{基底状態の}\\\text{反応活性種}\end{array}\right\} \to \to \text{生成物分子}$$

のように進む．光反応の機構の解明は，一般の反応機構の解明にくらべ，励起分子の同定とその反応性の究明を含む分だけ複雑である．しかし，一方で光反応は，フラッシュランプやレーザーの利用によって"用意――ドン"で一斉に開始させることが可能であり，反応中間体の同定，反応機構解明に有利な点も持っている．

光反応機構の解明には反応に関与する**励起種**と，それから生成して反応の型をきめる基底状態の**反応活性種**（ある場合には，励起種から直接生成物が生成することもあるが）の同定が必要である．励起種については，その多重度と不対電子の入った軌道の性格（n-π*，π-π* など）とが問題になる．反応活性種（以下，基底状態の反応活性種をこう略称する）に関しては，ラジカル，ラジカルイオン，カルベンなどが問題になるだろう．

細かな説明に入る前に，全体を眺めておこう．励起種や反応活性種の同定の方法をまとめると，**表9.1, 9.2**のようになろう．励起状態，活性種の研究法は共通部分が多い．大きく分けると，直接それらのスペクトルを観測する方法と，添加物効果や溶媒効果などから励起種や反応活性種の存在，それらの性質

表 9.2 反応活性種を同定するための方法

活性種の直接観測	活性種による電磁波の吸収（活性種をいちどきに多量に作り出す，あるいは活性種の寿命を長くする方法と併用）	活性種の紫外・可視吸収，赤外吸収，マイクロ波吸収，ESR などの測定（スペクトルの測定と生成・減衰の速度論的解析）
	他の方法で作った活性種の挙動の比較	
	活性種の性格が反映する二次的現象の解析	CIDNP，CIDEP など
活性種の性格を間接的に推定する	添加物効果（速度論的解析）	捕捉剤の効果（速度論的解析）など
	反応環境の影響	溶媒効果，磁場効果など
	構造と反応性との関連性	置換基効果など
理論的解析		量子化学的計算による活性種の性格の解析

を推定する間接的な方法とがある．

　励起種は寿命が短く，また寿命を延ばす手段がないので，使用できる分光学的方法に制限があるが，反応活性種はもともと励起種より長寿命である上，不活性な媒質の中に閉じこめると数時間，数日とそのままの形で保存できるので，適用できる分光学的方法も広がる．一方，発光は励起種がわれわれに与えてくれる最も良質の信号である．ラジカルなどの活性種は，光反応以外の熱的方法でも作り出されるので，それらとの比較はきわめて有益である．

　励起種，反応活性種いずれの同定においても，速度論による定量的な解析が重要である．

9.2 ● 量子収量の測定と光反応の波長依存性

　光反応に関与する励起種同定の出発点は，反応に関与する物質の吸収スペクトルの測定，吸収スペクトルの性格の考察と，光反応の波長効果の検討である．有機化合物，有機金属化合物は紫外・可視領域に数種の吸収帯を持つ．これらは，それぞれ性格の異なった励起に基づくものだから，どの吸収帯に光をあてたとき反応が起り，どの吸収帯を照射したとき反応が起らないかを調べること（定量的に行うなら，量子収量を測定することになる）によって，光反応

の原因となっている励起状態の性格を知ることができる[†1].

　化合物の吸収帯の一つだけを選択的に励起するには，特定波長の光だけを取り出し照射する必要がある．これには不連続の輝線を出すランプを用い，フィルターあるいは分光器を用いて単一波長の光を取り出すか，連続スペクトル光源から出る光をフィルターあるいは分光器によって，ある波長範囲で取り出すかする．一般に，吸収帯は"帯"という名の示すように幅を持っており，その範囲で励起してやれば同一種類の励起状態になる（よく極大吸収のところに照射しないといけないように思う人がいるが誤解である．極大吸収のところで照射すれば，光吸収の効率がよいというだけの話である．ただ，同じ吸収帯にいくつかの吸収が重なっているときは，波長依存性が期待できる）から，照射光の波長に少し幅があってもかまわない．もちろん，レーザー光のような一定波長の光だけを利用してもよい．

　次に量子収量の測定について述べよう．**量子収量**（quantum yield．量子収率ともいう）は次のように定義される．

$$量子収量 = \frac{光反応によって生成・分解した分子の数}{系が吸収した光子の数} = \frac{光反応によって生成・分解した化合物の物質量^{†2}}{系が吸収した光子の物質量}$$

光反応は照射波長に依存するから，量子収量も照射波長によって変化する．したがって，量子収量を測定し，議論するときは一定波長の光を用いなければならない．すなわち

$$ある波長の光による反応の量子収量 = \frac{ある波長の光によって生成・分解した化合物の物質量}{系が吸収したある波長の光子の物質量}$$

　量子収量を測定するには，ある特定波長の光照射で系が吸収する光子の物質量と，光生成物（あるいは分解物）の物質量とを測定する．生成量，分解量は

[†1] 3.6節で述べたように，同じ多重度の励起状態の内部変換の速度は速いので，照射波長を短くして高い励起状態へ励起しても，反応が最低励起状態から起るという場合も多い．すなわち，波長効果が観察されないことも多い．

[†2] 物質量：従来モル数と呼ばれてきた量である．原子・分子・光子などの量を表す．単位はmolである．光子も数えられるので，molを単位に量を表すことができる．

通常の定量分析(重量,容量,比色,クロマトグラフ法など)によって求められる.

一方,光子の物質量を直接求めることは化学者,特に有機化学者には面倒である.最も正統的な方法は,光を黒体に吸収させて熱エネルギーに変え,熱量を測定し,それから

$$\text{発生した熱量} = nh\nu$$

を用い n を求める方法である.これは物理学者には容易であっても,化学者には馴染みがないので,化学者は一般に次のような間接法を用いる.すなわち,あらかじめ量子収量が正確にきめられている基準物質〔**化学光量計** (chemical actinometer) と呼ばれる〕を試料と同じ条件で反応させ,基準物質からと試料からの生成物(分解物)の量を比較する.

$$\text{量子収量} = \frac{\text{ある波長での光反応生成物の物質量}}{\text{ある波長での化学光量計からの光反応生成物の物質量}} \times \frac{1}{\text{その波長での化学光量計の光反応の量子収量}}$$

$$\times \frac{\text{その波長の光が試料物質によって吸収される割合}}{\text{その波長の光が化学光量計によって吸収される割合}}$$

量子収量測定の化学光量計としては,Fe^{3+} のシュウ酸錯塩〔$K_3[Fe(C_2O_4)_3]$,トリオキサラト鉄(III)酸カリウム〕が用いられる.この化合物は広い波長範囲で次の反応をする.

$$2[Fe(C_2O_4)_3]^{3-} \xrightarrow{h\nu} 2Fe^{2+} + 5C_2O_4^{2-} + 2CO_2$$

生成する Fe^{2+} を 2,2′-ビピリジン,あるいは o-フェナントロリンで赤色に発

表9.3 トリオキサラト鉄(III)酸カリウム光量計の Fe^{2+} 生成の量子収量
$[K_3[Fe(C_2O_4)_3]] = 0.006 \text{ mol L}^{-1}$

照射光波長/nm	Fe^{2+} の量子収量
254	1.23
297/302	1.24
313	1.24
365/366	1.21
405	1.14
436	1.11

色させ比色定量する．種々の波長における Fe^{2+} の量子収量を**表9.3**に示す．

化学光量計として用いられるものに，他にシュウ酸ウラニル，2-ヘキサノンなどがある．

9.3 発光スペクトルと光反応との関連[†]

蛍光・りん光を光反応との関連で注意深く検討することは，反応に関与する励起種を同定する最もよい方法の一つである．例えば，MとNとが光照射下で反応する場合，Nの濃度を増すにつれてMの蛍光が減少する．それと対応して反応生成物の収量が増大するとすれば，この光反応はMの励起一重項状態と基底状態のNとの相互作用によって起っていることが結論される．一方，Nの濃度を増してもMの蛍光強度が変らないのに，生成物の量が増すような場合には，Mの励起三重項状態が反応に関与している可能性があることになる．

9.4 閃光光分解（時間分解分光法）

光反応で中間に生成する励起種，反応活性種をスペクトル的に直接検出し，その反応速度を追跡するために**閃光光分解**（flash photolysis あるいは laser photolysis）が有効に使われる．短時間での集中した光照射によって，いちど

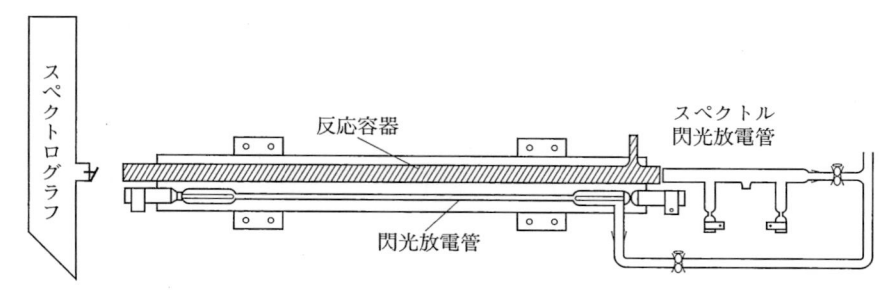

図9.1 Porter の閃光光分解装置の主要部分

反応容器に試料（この実験では気体）を詰め，閃光放電管でフラッシュをたき瞬間的に光反応させる．トリガー回路を利用して，一定時間後にスペクトル閃光放電管を光らせ，スペクトログラフで分光，吸収スペクトルを測定する（この場合には写真が用いられた）．

[†] 発光スペクトルの測定に関しては，次の書物を参照のこと．日本化学会編：新実験化学講座4 基礎技術3 光II，pp. 505-582（丸善，1976）．

9.4 閃光光分解（時間分解分光法）

きに足並をそろえて相当量の光反応を開始し，その経過を追跡しようとするもので，装置の模式図は**図 9.1** のようになる．

フラッシュランプまたはレーザーで，セル中の試料の光反応を瞬時に開始させる．光分解用光源の出力を高めれば，一度にセル中の基質の大部分を反応させることもできる．光分解後一定の時間ごとにモニター用の光（連続スペクトル）をセルの中に通し，その吸収スペクトルを測定する．これによって，励起種やラジカル種などが検出される仕掛けである．1949 年に Porter (1967 年ノーベル化学賞受賞) が最初に閃光光分解の装置を作ったときには，写真のフラッシュランプが用いられた（図 9.1 に Porter の装置を示す[†]）．

閃光光分解の化学の進歩は，いかに時間分解能を向上させ，いかに短時間で起る現象にせまっていくかにある．技術的にはフラッシュの持続時間を下げ，いかに短時間で多くのエネルギーを系内に送り込むかである．ミリ秒から始まった閃光光分解の化学はマイクロ秒に，現在ではナノ秒 (10^{-9} s) を通り越してピコ秒 (10^{-12} s)，フェムト秒 (10^{-15} s) さらにアト秒 (10^{-18} s) の領域に進みつつある．ラジカルなど比較的長寿命の反応活性種の研究から始まったこの化学も，内部変換，項間交差などの速い物理過程についての知見が広がりつつある．ピコ秒がいかに短い時間かは，光がその間に 0.3 mm しか進めないことでもわかる．光化学の本質にせまる研究には，それだけの技術的困難も伴う．

閃光光分解の手法の適用にあたっては，中間体の検出法も重要である．中間体の観測には，もっぱらスペクトル的方法が利用される．これは電磁波と物質の相互作用が速やかで，反応の速さに追随し得るものがあるからである．中間体の観測にも二つの限界がある．一つは原理的な限界である．電磁波と物質の相互作用には，少なくとも電磁波の 1 周期程度の時間がかかる．観測しようと思うものが電磁波の 1 周期の間に変化してしまうと，電磁波はその変化の平均しか感知できない．例えば，NMR の測定に用いられるラジオ波（60〜400

[†] Porter が閃光光分解法を開発したときの苦心談は，日本化学会編：化学の原典　第 II 期　4　光化学（学会出版センター，1986）に収められた Porter の論文および吉原経太郎の解説にくわしい．

MHz）の 1 周期は 1.7×10^{-8} 〔$=(1/60)\times10^{-6}$〕 $\sim 2.5\times10^{-9}$ s だから，NMR で観測しようとする限り，10^{-9} s 以下の短い時間の現象は追えないことになる．電磁波の中で紫外線・可視光線は周波数が高いので，短寿命中間体の観測に適している．

もう一つの制約は，スペクトル検出器の時間応答性能である．赤外線の検出には熱電堆が使われることが多かったが，これは応答性が悪くて数十サイクル（すなわち 10^{-1} s）でしか働かなかった．赤外スペクトルは紫外・可視スペクトルにくらべはるかに分子構造についての情報が多いにもかかわらず，従来閃光光分解の際の中間体測定に用いられなかったのは，この理由による．しかし，最近の赤外線測定法の進歩とともに，不安定種の観測に赤外スペクトルが用いられるようになってきた．

閃光光分解によって作られた励起種（通常の励起分子やエキシマー，エキシプレックスなど），あるいは励起種から生成するラジカル（ラジカルイオンも含めて）などの活性中間体はスペクトルが測定され，その情報から構造がきめられる（多くの場合，構造は決定的なものではなくて推定の域を出ないが）．

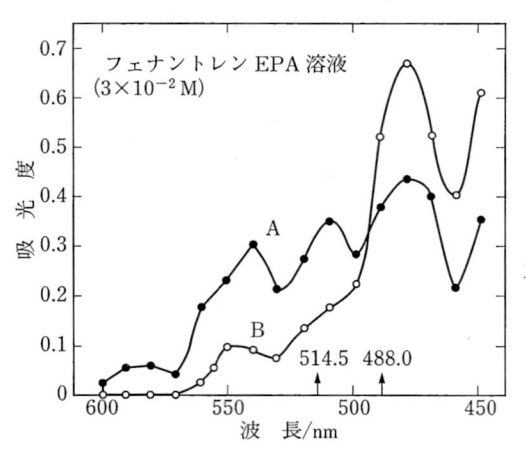

図 9.2 フェナントレン溶液の時間分解吸収スペクトル
A：20 ns 後，B：100 ns 後．↑印は Ar イオンレーザーの発振線の位置を示す．
EPA：ジエチルエーテル，イソペンタン，エタノールの混合溶媒．

9.4 閃光光分解（時間分解分光法）

さらに，スペクトルの時間変化から，励起種・反応活性中間体の反応速度がわかり，励起種・活性中間体から生成物に至る過程が解明されるとともに，励起種・反応活性種の性格（例えば寿命の長いことから三重項というようなこと）について知見を得ることができる．

実例を示そう[†]．図 9.2 は，フェナントレンのレーザー光分解で観測される吸収スペクトルである．レーザー照射後 20 ns と 100 ns 後のスペクトルは異なっている．照射直後に見られる吸収（A）を 514.5 nm でモニターして時間変化を調べると，図 9.3 (a) のように減衰することがわかった．一方，照射後しばらくして現れる吸収（B．488 nm でモニター）は，図 9.3 (b) のように，A の 514.5 nm の吸収の減衰と同期して強くなる．これは

$$\text{フェナントレン} \xrightarrow{h\nu} \text{A のスペクトルを持つ中間体}$$
$$\longrightarrow \text{B のスペクトルを持つ中間体}$$

と反応が進んでいくことを示している．これら2種類の中間体の寿命は，それぞれフェナントレンの蛍光，りん光の寿命と一致していることから，A の吸収はフェナントレンの励起一重項状態に，B の吸収は励起三重項状態に帰属される．

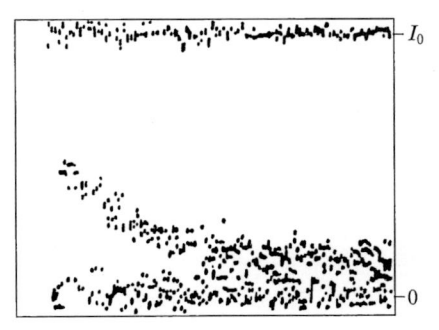

(a) 514.5 nm での $S_n \leftarrow S_1$ 吸収の減衰曲線

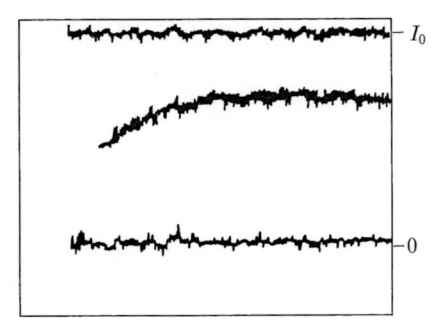

(b) 488.0 nm での $T_n \leftarrow T_1$ 吸収の生成曲線

図 9.3　フェナントレンの過渡的吸収の時間変化 (50 ns/division)

[†] 日本化学会編：新実験化学講座 4　基礎技術 3　光 II, pp. 624–625 (丸善, 1976).

9.5 剛性溶媒法，マトリックス単離法

　剛性溶媒法とマトリックス単離法は，ともに溶質分子を身動きできないように，流動性のない媒質中に閉じこめる方法である．この中で光反応させると，生成したラジカルなどの反応活性種が反応の相手にぶつからないので，長寿命になる．低温マトリックス法，剛性溶媒法ともに，液体窒素温度程度の低温で行われることも，活性種の安定化，長寿命化の原因となっている．

　このような"rigid な"媒体中での光反応で作られた活性種は，スペクトルの測定，速度論的な追跡が可能で，活性種の構造の解明，さらには光反応機構の解明に極めて有用な情報を提供する．

9.5.1 剛性溶媒法

　通常 EPA と呼ばれている，ジエチルエーテル，イソペンタン，エタノールの 5：5：2 混合溶媒が代表的な剛性溶媒である．この混合物は，液体窒素温度で透明なガラス状に固まる．中に溶かされた溶質は，孤立した身動きできない状態で閉じこめられている．透明なので光反応に適し，生成した活性種のスペクトルの測定も容易である．EPA の他に 3-メチルペンタン (単独)，エタノールとメタノールの 1：1 混合溶媒もよく用いられる．常温の場合は，透明なプラスチックの中に試料をうめ込むことがある．

　剛性溶媒は，りん光の測定にも用いられる．

9.5.2 マトリックス単離法

　図 9.4 のような装置を使い，アルゴンのような不活性気体と気体の反応物を低温にした NaCl 板 (IR 測定の場合) に吹きつけると，NaCl 板上に，多量の Ar の中に分散して孤立状態にある反応物分子を作り出すことができる．この状態の反応物分子を光分解すると，ラジカルのような活性種が生じるが，周囲を Ar に囲まれているので反応することができず，そのままの形で留まっている．このようにしておけば，ゆっくりとスペクトルの測定ができる．図 9.5 は 8 K，Ar マトリックス中で α-ピロンを光分解したときの IR スペクトルであ

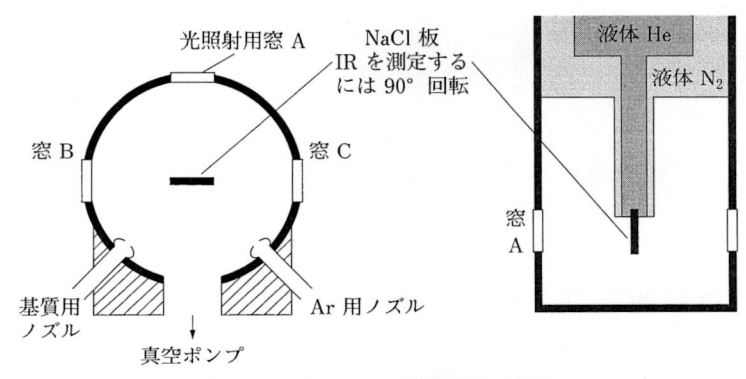

図 9.4 マトリックス単離法の模式図

液体ヘリウム,液体窒素で冷した NaCl 板上にノズルから Ar と反応物(気体)とを吹きつけ,Ar マトリックスに分散した反応物分子を作る.これに窓 A を通して光照射し活性種を作る.次に NaCl 板を回転し,窓 B,C を使ってスペクトルの測定をする.

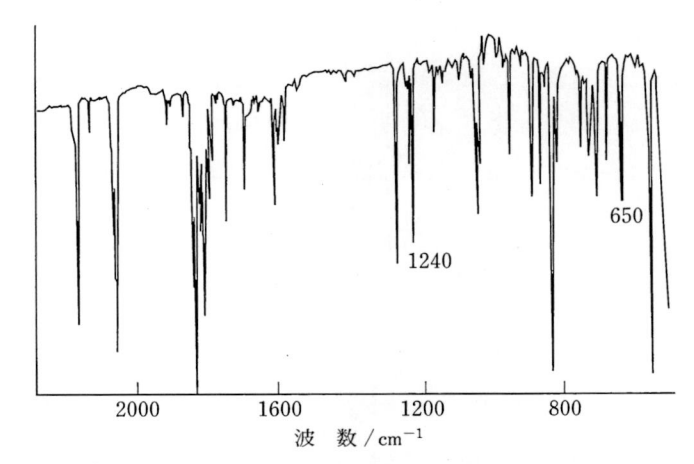

図 9.5 8 K, Ar マトリックス中での α-ピロンの光分解生成物の IR スペクトル
1240, 650, 570 cm^{-1} の吸収がシクロブタジエンのもの.

る[†]. この中で,1240, 650, 570 cm^{-1} の吸収はシクロブタジエンに帰属される. シクロブタジエンは共役環式化合物であるが,4個の π 電子を持つため,Hückel 則の反芳香族化合物にあたり不安定である. マトリックス単離法が,

---

[†] O. L. Chapman, C. L. McIntosh, J. Pacansky : *J. Am. Chem. Soc.*, **95**, 614 (1973).

この不安定分子を見事に捉えたのである．光反応は次のように進行する．

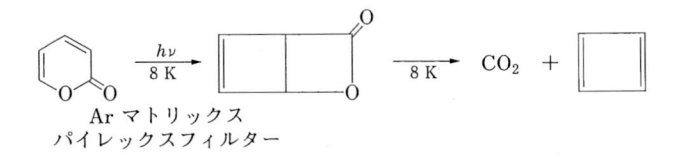

$$\text{(2-pyranone)} \xrightarrow[8\,\text{K}]{h\nu} \text{(β-lactone)} \xrightarrow{8\,\text{K}} CO_2 + \text{(cyclobutadiene)}$$

Ar マトリックス
パイレックスフィルター

9.6 添加物効果

添加物効果は，励起状態の同定にも活性種の同定にも有用である．全体をまとめると表 9.4 になる．エネルギー移動については 6.2 節で，電子移動については第 5 章および 6.6 節でくわしく述べた．

9.6.1 Stern-Volmer 式

添加物効果は速度論による解析によって，定量的に取り扱うことができる．一例として，励起状態の失活（脱励起）についての Stern-Volmer 式をあげよう（ここではエネルギー移動による阻害を扱っているが，電子移動の場合も同

表 9.4 添加物効果

	添加物効果の機構	効 果	反 応	備 考
励起状態	エネルギー移動	阻害 (脱活性)	$M^* + Q$（脱活性剤） $\to M + Q^*$	特に寿命が長く分子衝突の頻度の高い励起三重項の場合に有用．
		促進 (増感)	S^*（増感剤）$+ M$ $\to S + M^*$	添加物の励起エネルギーが反応物より高ければ促進，逆なら阻害．
	電子移動	阻害 促進	$M^* + Q \to M^+ + Q^-$ あるいは $M^* + Q \to M^- + Q^+$ $S^* + M \to S^+ + M^-$ あるいは $S^* + M \to S^- + M^+$	阻害になるか，促進になるかは M^*, Q（あるいは M, S^*）のイオン化ポテンシャル，電子親和力の関係による．
活性種	捕捉	阻害	R（活性種）$+ T$（捕捉剤） $\to RT$	T が R と反応するため，T が存在しなかったとき生成するものが生成しなくなる．

9.6 添加物効果

反応を，次のように仮定する．

$$M \xrightleftharpoons[k_d]{h\nu} M^* \tag{9.1}$$

$$M^* \xrightarrow{k_r} P \quad (光反応生成物) \tag{9.2}$$

$$M^* + Q \xrightarrow{k_q} M + Q^* \tag{9.3}$$

反応式に付した添字のついた k は，それぞれの反応速度定数である．この反応において，反応速度論における定常状態法を適用する．失活剤のない場合のPの量子収量 ϕ_0 は次式のようになる．

$$\phi_0 = \frac{k_r}{k_r + k_d} \tag{9.4}$$

失活剤が濃度 [Q] で存在しているときのPの量子収量 ϕ は

$$\phi = \frac{k_r}{k_r + k_d + k_q[Q]} \tag{9.5}$$

失活剤のある場合とない場合の反応生成物の量子収量の比 ϕ_0/ϕ は，Stern-Volmer 式と呼ばれる次の式になる．

$$\frac{\phi_0}{\phi} = 1 + \frac{k_q}{k_r + k_d}[Q] \tag{9.6}$$

この式は ϕ_0/ϕ を Q の濃度に対して目盛る（Stern-Volmer プロットと呼ぶ）と，y 切片を1とする右上りの直線が得られることを予想させる．実験で Q の濃度と ϕ_0/ϕ の関係を求めたとき図 9.6 のような直線が得られれば，式 (9.1)〜(9.3) の機構が正しいことを示している．この関係は，直接には三重項の証明になるものではない〔式 (9.1)〜(9.3) のメカニズムなら，M^* の性格は何でもよい〕が，失活剤の三重項エネルギーと阻害との関連から，三重項の関与が立証される．

式 (9.6) の中で $1/(k_r + k_d)$ は，Q が存在しないときの M^* の寿命 τ である．そこで次の式を得る．

$$\frac{\phi_0}{\phi} = 1 + k_q[Q]\tau \tag{9.7}$$

Stern-Volmer プロットの傾きから $k_q\tau$ が求められる．粗い考察だが，次の

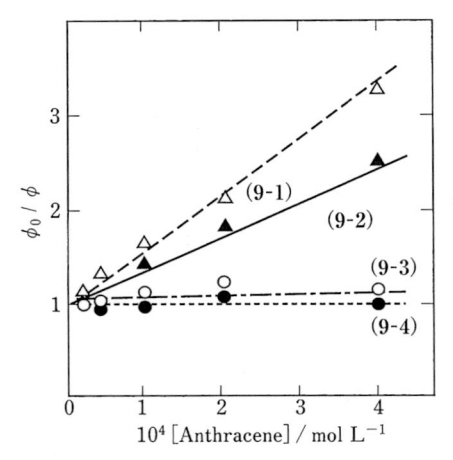

図9.6 ニコチン酸メチルの光反応に対するアントラセンの効果 (Stern-Volmer プロット)

ような解析も可能である．M* と Q との反応が M* と Q との衝突で必ず起る拡散律速の速い反応 ($10^8 \sim 10^{10}$ dm^3 mol^{-1} s^{-1}) であると仮定して，τ のおおよその値を求めることができる．τ として 10^{-6} s 以上の長い寿命が得られれば，三重項状態の関与を示唆するものとなる．

三重項状態の直接観測には，閃光光分解が用いられる．この場合，スペクトルの解析とともに，その減衰速度，添加物（上記の三重項失活剤など）効果の結果を総合的に判断する．

Stern-Volmer プロットを用いた光反応解析の一例をあげる[†]．ニコチン酸のメチルエステルの光反応では，2種のメチル化生成物 (9-1), (9-2) と 2種のメトキシル化生成物 (9-3), (9-4) が得られる (p.154)．

これら生成物に対するアントラセンの阻害効果に関する Stern-Volmer プロットが，**図9.6** である．メトキシル化生成物はアントラセンによって影響を受けないのに，メチル化生成物は三重項エネルギーの小さいアントラセンによって阻害される．しかも (9-1) と (9-2) に対する影響の度合いが異なる．これら

[†] A. Sugimori, E. Tobita, Y. Kumagai, G. P. Satô : *Bull. Chem. Soc. Jpn.*, **54**, 1761 (1981).

表 9.5 光化学における代表的な反応活性種とその捕捉剤（励起種を除く）

反応活性種	阻害剤	反　応
ラジカル R·	アルケン類 （例） $CH_2=\underset{\underset{CH_3}{\vert}}{C}-COOCH_3$ (MMA)	$R·\searrow C=C\swarrow \longrightarrow -\underset{\vert}{\overset{R}{C}}-\overset{·}{C}- \longrightarrow$ 重合
	NO	$R· + NO \longrightarrow RNO$
	ジフェニルピクリルヒドラジル (DPPH) O_2N-（2,4,6-トリニトロフェニル）-$\overset{·}{N}-NPh_2$	$R· + O_2N$-（2,4,6-トリニトロフェニル）-$\overset{·}{N}-NPh_2 \longrightarrow$ O_2N-（2,4,6-トリニトロフェニル）-$\underset{\underset{R}{\vert}}{N}-NPh_2$
	I_2	$R· + I_2 \longrightarrow RI + I·$ I_2 はラジカル性が低くラジカル反応を開始しない
	O_2	$R· + O_2 \longrightarrow ROO· \rightarrow \rightarrow ROOH$ など
一重項酸素 $^1O_2$	β-カロテン DABCO などの脂肪族アミン DABCO	$^1O_2$ より β-カロテンへのエネルギー移動
カルベン CXY	アルケン類	$CXY + \searrow C=C\swarrow \longrightarrow$ シクロプロパン環（CXY付加）
電子 e^-	N_2O	$e^- + N_2O \longrightarrow N_2 + O^- (\xrightarrow{H^+} ·OH)$
	CCl_4	$e^- + CCl_4 \longrightarrow ·CCl_3 + Cl^-$

9.6　添加物効果

のことは，メトキシル化が励起一重項に，メチル化が三重項に（しかも2種のメチル化が異なった三重項に）由来していることを物語っている．

$$\text{(ニコチン酸メチル)} + CH_3OH \xrightarrow[H_2SO_4]{h\nu}$$

(9-1)　(9-2)　(9-3)　(9-4)

9.6.2　反応活性種の捕捉

反応活性種（ラジカル，一重項酸素，カルベン，ナイトレン電子など）の関与も，それぞれと特異的に反応する捕捉剤による阻害を見ることによって調べることができる．表9.5にこれらをまとめた．

第10章 自然界における光化学現象

光がなければ宇宙，地球，そして生物の活動はない．特に生物の一生は誕生から死まで光に支配されているばかりでなく，生命の起源・進化にも光が重要な役割を果していることが推定されている．

大気圏，宇宙空間でも光反応が活発に起っている．フロンガスによる成層圏のオゾン層破壊という環境問題も，光化学の応用問題の一つである．

自然界で起っている光化学現象は，第1章の表1.1にまとめられているので参照していただきたい．本章では，その中からいくつかの問題をとり上げて，光化学の立場から簡単に解説する．

10.1 光合成

地球上の全ての生命は，**光合成**によって支えられている．植物はクロロフィルで光を受け，光エネルギーを化学的に変換して水と二酸化炭素から糖を作り出す．この小・中学校から学習する現象も，くわしく調べてみると非常に複雑であることがわかってきた．そこには，いくつもの種類のクロロフィルが協力して働いており，光合成過程，特にクロロフィルが光を受けてから酸化性，還元性の活性種を作り出すまでの光合成初期過程は，未解決のたくさんの問題を含んでいる．

炭酸同化における光化学過程は，H_2O（あるいは OH^-）を分解して電子と O_2 とを作り出すことである．電子は NADP（後述）に移され，$NADPH_2$ が作られ，これが CO_2 の還元に使われる．CO_2 の還元による糖の合成の経路が Calvin サイクルである．

$$OH^- \longrightarrow \boxed{光化学過程} \xrightarrow{O_2} e^- \xrightarrow{NADP} NADPH_2 \xrightarrow{CO_2} \boxed{Calvin サイクル} \longrightarrow 糖$$

OH^- から電子を作り出す光化学過程も大変複雑で，現在でも解明されていないところが多いが，大筋は次のようであるとされている．OH^- から電子1個を作り出すには，少なくとも2個の光子が必要で，**光化学系 II** と **光化学系 I** の連繋でその仕事が行われている．

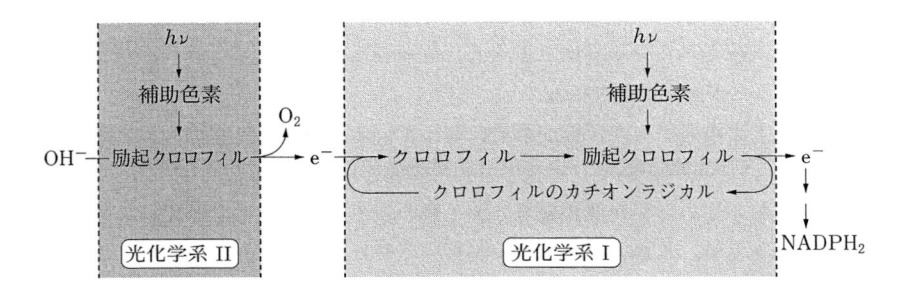

```
        光化学系 II                      光化学系 I
    hν                               hν
    ↓                                ↓
   補助色素                          補助色素
    ↓                                ↓
OH⁻ → 励起クロロフィル → e⁻ → クロロフィル → 励起クロロフィル → e⁻
                      ↓                 ↑                    ↓
                      O₂         クロロフィルのカチオンラジカル    NADPH₂
```

光化学系 I では，光エネルギーを使ってクロロフィルから電子を発生させる．このとき生じる電子を失ったクロロフィルに，光化学系 II で OH^- から作り出された電子が供給されて，クロロフィルが再生する．光化学系 II から光化学系 I への電子伝達，光化学系 I から NADP[†] への電子伝達も，複雑で多くの酵素反応の連鎖でできている．

[†] ニコチンアミドアデニンジヌクレオチドリン酸．生体中の酸化・還元に活躍する補酵素．電子の授受によってピリジン環が変化する．

NADP

10.1 光合成

　光化学系I，IIも複雑な仕組みを持っている．光化学反応を受け持つのはクロロフィルで，中心金属としてマグネシウムを持つポルフィリン色素であるが，その構造は生物の種類によって多少違いがある．酸素を発生する型の光合成植物は，クロロフィル a を利用している．ただし，電子を発生する反応中心のクロロフィル a が直接光を吸収するのではなく，カロテノイドやアンテナクロロフィルと呼ばれるクロロフィル群が光を捕集し，励起エネルギー移動によって，反応中心にエネルギーを集めるのである．

クロロフィル a　　　　　　　　バクテリオクロロフィル b

　電子発生の場にも巧妙な仕掛けが施されている．せっかく電子が発生しても，近くに電子を失ったクロロフィルのカチオンラジカルが存在していると，電荷の中和が起こって反応の効率が下ってしまう．これを防ぐために，いったん生成した電子を速やかに運び去る電子伝達系が仕組まれている．X線解析で明らかになった紅色細菌の光合成反応中心を図10.1に示す．電子発生の場所となるのは，クロロフィル（紅色細菌ではバクテリオクロロフィル b）の二量体で，電子はバクテリオクロロフィル b からバクテリオフェオフィチンを通ってメナキノン，ユビキノン（次ページ下に構造式を示す）へ渡される．これらは膜内にあるが，膜の外に電子伝達系のヘムタンパク（シトクロム）が配列していて，電子を失ったクロロフィルに電子を渡す．

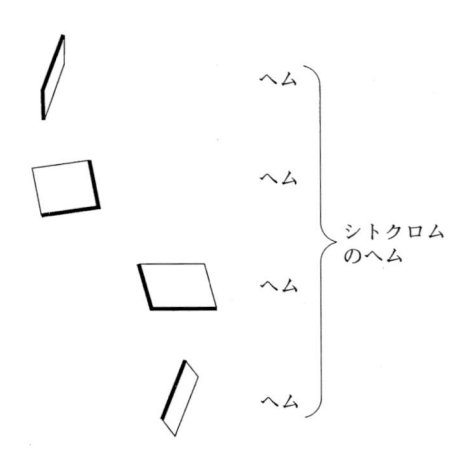

第 10 章　自然界における光化学現象

　　　　　　　　　　　　　　　　　　　　　　ヘム　⎫
　　　　　　　　　　　　　　　　　　　　　　ヘム　⎬ シトクロム
　　　　　　　　　　　　　　　　　　　　　　ヘム　⎪ のヘム
　　　　　　　　　　　　　　　　　　　　　　ヘム　⎭

BChl₂ (中心バクテリオクロロフィル二量体)

BChl

BChl (バクテリオクロロフィル b)

BPhe

BPhe (バクテリオフェオフィチン)

Fe　　MQ (メナキノン)

図 10.1　紅色無硫黄細菌の光合成反応中心の模式図

メナキノン
$n = 9, 8, 7$

ユビキノン
$n = 10, 9, 8, 7$

10.2 植物の行動の制御

　植物が太陽光のあたる方向に伸びていく光屈性は，日常よく経験することであるが，その他，意外に多くの現象が，光によってコントロールされていることがわかってきた．

　その一つが発芽である．種(たね)は，水を吸っただけでは発芽しない．発芽のきっかけを与えるのは光，しかも一定波長の光であり，また，ある波長の光はかえって発芽を抑制するという驚くべきことが明らかになってきた．レタスの種は，暗くしておくと水につけても発芽しない．水を吸ったあと，赤色光を受けると芽が出る．しかし，赤色光を与えたあと，近赤外光をあてると芽を出すのをやめてしまう．さらに，赤色光をあてると，再び発芽するようになる．種が芽を出すかどうかをきめるのは，最後にあたった光が赤色光か近赤外光かということである．

　もう一つの例は開花である．朝顔に花を咲かせるきっかけを与えているのは夜の長さである．夜が長くなると，秋の近づいたことを感知して花をつける．朝顔を双葉のうちに暗いところにしばらく置いておき，それから日のあたる所に出すと，双葉のままで花をつける．この場合も赤い光が有効であり，近赤外光は開花を抑制する．

　このような不思議な現象には共通点があり，これらの生体調節には共通の感光性物質が関与していることが窺われる．それがフィトクロームと呼ばれている物質で，分子量約12万のタンパク質であり，光を受容する発色団としてテトラピロールを持っている．これはポルフィリン環が切れた形をしている．

　テトラピロールは光を受けると，*cis-trans* 異性化を起し形を変える．この形の変化が周囲のタンパク質に影響を与え，刺激が発生する．視覚のメカニズムとの類似性も指摘されている．

テトラピロール

10.3 視覚の光化学

視覚を司っているのは，ロドプシンという複合タンパク質である．これはオプシンと呼ばれる膜タンパク質のアミノ基に，レチナール[†]という共役アルデヒドが Schiff 塩基形で結合したものである（図 10.2）．光を受容しているのはレチナールの部分で，光があたる前には 11-*cis* 形であったものが，光で *trans* 形に異性化する．この変化はレチナールを取り囲んでいるタンパク質オプシンの形を変え，Schiff 塩基部分が加水分解され，レチナールが遊離され，この過程で視覚がひき起される．*trans* レチナールは酵素で *cis* 形に異性化され，ロドプシンが再生する．

ロドプシンの異性化が視細胞の興奮をひき起すのだが，直接の引金になるのは *trans* 形のロドプシンではなくて，異性化の中間体であって，それがトランスデューシンというタンパク質と細胞膜の表面で結合し，いくつかの過程を経て視細胞膜の Na^+ の透過を停止させる．イオンの流入が減ると視細胞内で電気的分極がひき起され，これが神経細胞を通って脳に伝えられる．

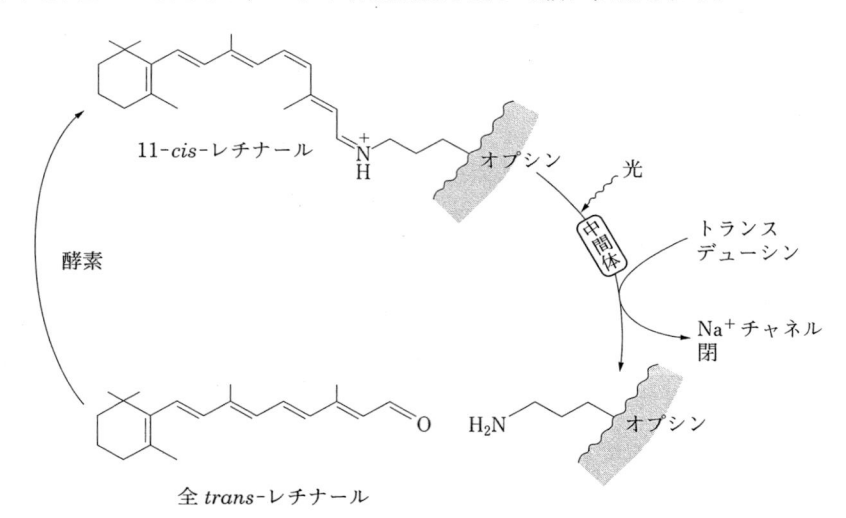

図 10.2 視覚の光化学

[†] レチナールはニンジンの色素 *β*-カロテンと類似の構造である．ニンジンの色素などはレチナールの生合成の原料であり，それらの摂取は動物にとって欠かせない．

10.4 光による生体の損傷

光は細胞に対し致死効果，突然変異誘発効果を持つ．これらは核酸，タンパク質の光反応によってひき起される．特に，DNAのチミンは紫外光の作用で[2+2]付加環化し，それが細胞の死滅，突然変異の原因となる．

チミン-アデニンの対　　　　　　チミン二量体

Ⓡ デオキシリボース，　☐P リン酸基

この致命的な変化に対し，生体はチミン二量体を切断する酵素系を持っていて，光損傷に対抗している．この酵素を欠いた人は太陽光にあたったあとが火傷のようになり，皮膚ガンになりやすい．

発ガンの他に，老化にも核酸の光反応が関係しているのではないかとも考えられている．

10.5 成層圏大気における光化学

地球は，大気につつまれている．大気は光のフィルターになっていて，生体に害のある光を遮断してくれている．大気によって吸収されなかったわずかな，しかし無害有益な光を利用して，生物はその営みをつづけている．

大気圏，特に成層圏では短波長の紫外線によるオゾンの生成，分解がくり返されている．成層圏では波長240 nm以下の光で，(10.1)または(10.2)の反応が起こり，O原子が生成し，これがオゾンになる．

$$O_2 \xrightarrow{h\nu} O_2^*(A\,{}^3\Sigma_u^*) \longrightarrow 2O({}^3P) \qquad (10.1)$$

$$O_2 \xrightarrow{h\nu} O_2^*({}^3\Pi_u) \longrightarrow 2O({}^3P) \qquad (10.2)$$

$$O({}^3P) + O_2 + M \longrightarrow O_3 + M \qquad (10.3)$$

M は過剰エネルギーの受け手である．

一方，オゾンは光で分解される．

$$O_3 \xrightarrow{h\nu} O_2(a^1\Delta_g) + O({}^1D_2)$$

オゾンの生成と分解が定常状態になって，成層圏の状態は安定し，生体に有害な紫外線をカットしている．

環境問題として心配されているのは，冷蔵庫やスプレーで使われるフルオロカーボン（フッ素や塩素と炭素の化合物）が成層圏まで昇っていき，オゾン層を破壊し，発ガン性の高い紫外線が地上にまで降ってくるということである．

$CFCl_3$，CF_2Cl_2 などのフルオロカーボンは，可視光では分解されず成層圏に至り，そこで紫外線により分解される．

$$CFCl_3 \xrightarrow{h\nu} \cdot CFCl_2 + Cl\cdot$$

Cl· はオゾンと反応し，ClO· ラジカルとなり，ClO· ラジカルは再び Cl· に戻るため，Cl· が触媒になって多数の O_3 分子が分解してしまう．これらの過程は実験室で実証されているものであり，フルオロカーボンの使用はごく特殊な場合を除いて禁止されている．

10.6 光化学大気汚染

光化学スモッグは，窒素酸化物（NO，NO_2 など）やオゾンの光分解によってO原子が生成することによって始まる〔反応 (10.4), (10.5)〕．O が H_2O と反応し，·OH ラジカルに変化し〔反応 (10.6)〕，これが炭化水素などの有機化合物の酸化の引金になる．炭化水素の酸化で生ずるアルデヒド，ギ酸など，また窒素酸化物が反応に関与したペルオキシアセチルニトラート（PAN と呼ばれる．$CH_3COOONO_2$），さらに大気中に SO_2 があると，その酸化で生成する SO_3，硫酸（ミスト）などが人の眼やノドを刺激する．

10.6 光化学大気汚染

$$NO_2 \xrightarrow{h\nu} NO + O \qquad (10.4)$$

$$O_3 \xrightarrow{h\nu} O_2 + O \qquad (10.5)$$

$$O + H_2O \xrightarrow{h\nu} 2 \cdot OH \qquad (10.6)$$

$$CH_4 \xrightarrow{\cdot OH} \cdot CH_3 \xrightarrow{O_2} CH_3OO\cdot \xrightarrow{NO} CH_3O\cdot \xrightarrow{O_2} HCHO \xrightarrow{NO} \cdot OH$$
$$+ H_2O \qquad\qquad\qquad + NO_2 \qquad\qquad + HO_2\cdot \qquad + NO_2$$

（NO が大量にあると，この反応は連鎖になる）

SO_2 が存在すると，これは $\cdot OH$ や $CH_3OO\cdot$ によって酸化され，SO_3 などになる．SO_3 は空気中の水分と反応して硫酸（ミスト）になる．

$$SO_2 + \cdot OH \longrightarrow HOSO_2\cdot \longrightarrow \longrightarrow SO_3, H_2SO_4$$

$$SO_2 + CHOO\cdot \longrightarrow HCHO + SO_3$$

▶▶コラム ・・・・・・・・・・・・・・・・・・・・・・・・・・・・・・・ ◇○◇◆◇◆ ◇ ◆

人工光合成

　化石エネルギーの枯渇，原子力エネルギーの危険は否応なく自然エネルギーの利用へと導く．自然エネルギーの大本は太陽光である．植物は"光合成"によって太陽エネルギーから化学エネルギーへの変換（グルコースの合成）を成し遂げている．

　植物を手本にして，人工的に太陽エネルギーを化学エネルギーに変えるのが人工光合成である．光合成というと厳密には，水を光分解して還元性物質 CO_2 を還元してグルコースを作り O_2 を発生させることであるが，水を光分解して H_2 と O_2 とを作ることや，CO_2 の還元体（ギ酸，ホルムアルデヒド）を作ることをも意味する．

　光を使って H_2O を H_2 と O_2 に分解することは本多–藤嶋効果によって実現している．しかし，これには太陽光より短波長の（したがってエネルギーの高い）光を使わないといけない．人工光合成を実現するには，太陽光を構成する可視光を有効に使わなければ意味がない．モデルとなる植物は，エネルギーの低い赤色の光2個を使って，一対の還元種と酸化種を別々の場所で作っている．そこで，可視光で働く「還元種生成系」，「酸化種生成系」を別々に作って組み合わせる試みがなされている．人工光合成にはこの他，電荷分離系，エネルギー捕集－伝達系が必要である．

水素発生系と酸素発生系

[Ru(bpy)$_3$]$^{2+}$ のような，励起状態で電子供与性の高い分子 "光触媒" を使う（光触媒は狭い意味では二酸化チタンによるものを指すことが多いが，ここでは "光触媒" と呼んでおこう）． "光触媒" から取り出された電子は Pt のような触媒で H$_2$ に変えることができる．

ここで解決しなければいけない大問題がある．それは，反応をくり返し，サイクルにするには，電子を失った "光触媒" をもとに戻す必要があることである．酸化された "光触媒" が水から水素を引き抜いて O$_2$ ができれば理想であるが，そのような系は見つかっていない．酸化された "光触媒" の還元には，現在トリエタノールアミンのような「犠牲的還元剤」が必要なことが多い．水素源を水にすることができない限り "人工光合成" の完成はないであろう．

酸素発生系の設計は水素発生系のそれよりさらに難しい．一方，酸化種を O$_2$ として発生させるより，有機物の酸化に有用な物質の合成に利用する方が有益ではないかとも考えられる．井上晴夫らは，酸化側でアルケンをエポキシドにする反応を見出している．

電荷分離系，エネルギー捕集－伝達系

光化学的な電子移動は通常 1 電子過程なので，光電子移動では還元種と酸化種が対になってでき，しかも反応性の高いラジカルである．ラジカル対は近くにあるので反応して元に戻りやすい（逆電子移動）．効率よく還元種，酸化種を作るには，発生したラジカル種を素早く遠くに引き離す必要がある．植物は適当に配置されたポルフィリンを伝わっての電子移動でそれを実現している．この機能を真似るものとして，ポルフィリンやビピリジン金属錯体を連結させた化合物をモデルにした研究が進んでいる．

植物の光合成でもう一つ重要なのは，光の捕集である．植物は葉を伸ばし，広く光を捕集し，そのエネルギーを受け渡して一個所（反応中心）に集めてまとめて反応に使っている．エネルギー捕集とエネルギー輸送のモデル系の開発も，電荷分離系の研究と似た方法で行われている．

第11章　光化学の応用 —概念と合成—

　光を利用した技術が，情報分野を中心に行きわたり，人間生活のいたるところで光が利用されるようになりつつある．オプトエレクトロニクスといわれるように，光の技術は電子技術や磁気技術と結びつき複合化されて実用化されてきた．今世紀は，電子工学（エレクトロニクス）の助けを借りない純粋の光工学（フォトニクス）による技術が，徐々にその比重を増すものと思われる．本章では，光化学の応用分野を概観するとともに，光反応が物質の創製に役立つ例について記す．第12章から第15章までの各章では，光技術の中で，光化学が特に重要な役割を果すいくつかをとり上げ解説する．

11.1 ● 概　観

　光の利用は，前章までに学んできた"化学"の面だけでなく，光の持つ物理的性質のメリットにも基づいている．第一に，光の伝達速度はあらゆるものの中で最高である．第二に，光は小さく焦点がしぼられるので，集積度の高い情報の出し入れが可能である．さらに，空間だけでなく時間の制御も高い精度でできる．これらはレーザー技術によって実現したものである．

　光を応用した主な技術を**表紙の見返し**に示した．第1章で述べたように，光化学の広範なジャンルは，便宜上，次の4種のキーワードで分類できる（表1.1参照）．

① 物質の創出・分解
② エネルギー変換
③ 情報・通信
④ 宇宙・環境

　表紙見返しの図では，これらのうち，②のエネルギー変換をキーワードとして分類した．例えば，①の光反応については，「光エネルギー → 化学反応

エネルギー」への変換として位置づけられる．光化学の例としては，より詳細なものを表7.1にすでに示した．これらのちょうど裏返しの関係にあるものが，「化学反応 → 光」の項目に示してある．以降には，光 ⇄ 熱，光 ⇄ 力学，光 → 光，光 ⇄ 電気ならびに放射線が関連する項目が示してある．光の利用には，主として物理的性質を利用する場合と，化学的性質（光化学反応），生物学的性質を利用する場合とがあるが，物理的性質のみを利用しているように見える光ファイバー技術でも，不純物が少なく透明で光の損失の少ない材料は決定的な重要性を持つという事実がある．ここでは，化学者の働きが欠かせない．光技術は化学によって支えられているのである．

11.2 ● 光による物質の合成

化学の立場からいうと，最も面白いのは光によって有用な物質を多量に作り出すことである．その手本は植物の光合成である．光合成はエネルギー蓄積反応であり，他の方法では置き換えることのできない，光反応の特徴が最もよく現れているものである．

このような利用の一つが，**光ニトロソ化**によるナイロン原料のシクロヘキサノンオキシムの合成である．反応は

$$\bigcirc + NO + Cl_2 \xrightarrow{h\nu} \bigcirc=NOH$$

で，シクロヘキサンから1段階でシクロヘキサノンオキシムを作ることができる（反応の解説は45，122ページ参照）．

従来の方法は

$$\bigcirc \longrightarrow \bigcirc-CH(CH_3)_2 \longrightarrow \bigcirc-OH \longrightarrow$$

$$\bigcirc-OH \longrightarrow \bigcirc=O \longrightarrow \bigcirc=NOH$$

であったので，工程の短縮がよくわかる．

11.2 光による物質の合成

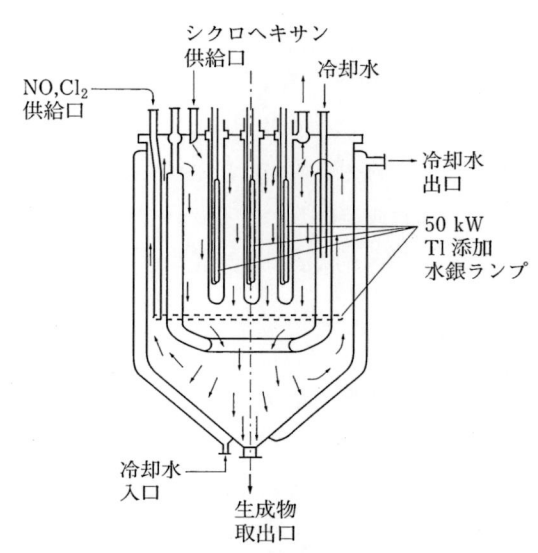

図11.1 光ニトロソ化の装置

光ニトロソ化の工業化は，光による大量合成の化学工学的技術の開発に大きな貢献をした．第一には，大型ランプの開発で，数十kWの大出力のランプが開発された[†]．

反応は図11.1のような装置で行う．シクロヘキサンの中にNOとCl$_2$を吹き込みながら光を照射する．この反応のうまいところは，生成物のシクロヘキサノンオキシムがシクロヘキサンに溶けずに遊離して底に溜ってくることで，これをコックを通じて随時取り出すだけで，反応を連続的に行うことができる．

光ニトロソ化の工業化の最大の問題点は，ランプの汚れであったそうである．光反応では，ランプの表面で望ましくない光反応が起って，ランプの表面にべったりと汚いものがついてしまうことがよくある．こうなると光が通らなくなって反応が止ってしまう．この問題の解決には濃硫酸でランプ表面を洗うという方法が考えられた．化学実験室では，反応容器についた汚れを濃硫酸に

[†] 残念なことにこの方法は現在使われていない．オイルショックによる電気料金の高騰がこの方法の経済性を失わせた．

溶かすということがよく行われる．これを応用したのである．この場合，うまいことに，そこで使った濃硫酸を次の工程である Beckmann 転位に使うことができる．

大量合成に光反応が利用されている例としては他に，気相でのピリジン，塩素，水混合ガスの高圧水銀灯照射による 2-クロロピリジンの製造がある．光を使うことによって 250 ℃ 以下の比較的穏和な条件で反応を行うことができる．

$$\text{ピリジン} + Cl_2 \xrightarrow{h\nu} \text{2-クロロピリジン}$$

価値の高いものは，少量作り出すだけでよいので，光反応の活躍する局面がひろがる．

一重項酸素は特徴ある反応性を示すので応用が広い．香料として重要な（−）ローズオキシド（ゼラニウム油の成分で 1 kg 百万円以上もする）は，（−）シトロネロールから光酸化によって作られる．

$$\text{(−)シトロネロール} \xrightarrow[\text{ローズベンガル増感光酸化}]{{}^1O_2^*} \text{ヒドロペルオキシド} \longrightarrow \longrightarrow \text{ローズオキシド}$$

高出力のレーザーが安価に使えるようになると，レーザーを有機合成に利用することも考えられる．レーザーは波長幅が狭いので，目標の分子だけに光をあて選択的な反応を起こさせることができる．ビタミン D_3 の合成では，中間に生成したプレビタミン D が光を吸って生理不活性の物質に変化する副反応が避け難い[†]．レーザーを用いると，原料とプレビタミン D とのわずかな吸収

[†] 再結晶による精製に手間がかかる．

11.2 光による物質の合成

波長の違いを利用して，プレビタミンDの副反応を避けることができる．

コレスタ-5,7-ジエン-3β-オール　→($h\nu$)　プレビタミンD　→(Δ)　ビタミンD_3

　光重合はいろいろな場面で利用される．身近なところでは歯の治療への応用である．虫歯であいた穴を埋めるのに，光重合性の材料を詰め，小型の紫外線ランプを使って光照射して固める．歯は60℃以上の高温に耐えられず死滅してしまうため，熱重合は適用できず光重合が活用されるのである．最近ではレーザーも用いられるようになってきた．また，有機溶媒を使わないので，患者は時として不快で毒性が心配される有機溶媒の蒸気を吸わなくて済む．

　同じようなメリットは，印刷，塗装の分野でも生かされる．印刷では，光硬化性のインクを使って，輪転印刷機を出たばかりの印刷物に光をあててインクを固定する（図11.2）．溶媒を用いる場合は溶媒が蒸発するまでに時間がかかるので，断裁して本の形に加工するまで，かなり長い距離を走らせなければならない．光を用いると短時間（短距離）でインクが固定されるので無駄なスペースが要らない．印刷が高速になればなるほどこの利点は大きくなる．さらによいことは，有機溶媒を使わないので，ビール，ジュースの缶の印刷に適していることである．これらの飲料に少しでも有機溶媒の匂いが移ると，風味を悪くするだけでなく，健康への心配もある．飲料用缶の印刷はほとんどが光硬化

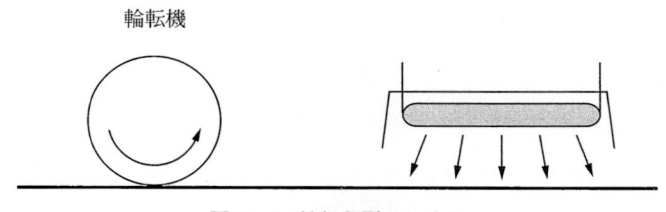

図11.2　輪転印刷のしくみ

性インクを使って行われているという．自動車の塗装にも光を使う利点が大きい．有機溶媒の作業環境への影響をなくすことができる．

光によるラジカル重合には，ビニル化合物としてアクリル系のモノマー，オリゴマーが好んで用いられ，光開始剤としては **Norrish TypeⅠ型開裂** を起こ

す化合物が用いられる．

ラジカル重合は O_2 によって阻害される欠点を持っている．この欠点のない異なった原理で働く光硬化系に光カチオン重合系がある．反応の開始は，オニウム塩の光分解で生成する Lewis 酸，Brønsted 酸によって行われる．

$$ArN_2^+MX_n^- \xrightarrow{h\nu} ArX + N_2 + MX_{n-1}$$
$$Ar_2I^+MX_n^- \xrightarrow{h\nu} ArI + ArX + MX_{n-1}$$
$$Ar_3S^+MX_n^- \xrightarrow{h\nu} Ar_2S + ArX + MX_{n-1}$$

ここで MX_n^- は BF_4^-, PF_6^-, AsF_6^-, SbF_6^- などで，生成する BF_3, PF_5, AsF_5, SbF_5 などは Lewis 酸として働く．重合させるものとしてはエポキシドなどがある．

光をモノの製造に応用する方法の重要なものとして，**光 CVD 法** がある．CVD (chemical vapor deposition) は気体物質の分解（光 CVD の場合は光分解）で，固体材料（アモルファスシリコンなどの半導体材料や超微粉体など）を一気に作ってしまう技術である．

この方法では大面積の膜状アモルファスシリコンを作り出すことができるので，瓦の表面に析出させれば，太陽光発電のできる屋根瓦を作ることができる．

実例として，SiH_4 の光 CVD によるアモルファスシリコンの製造の模式図を示そう（**図 11.3**）．SiH_4 は 200 nm より短波長の光しか吸収しないので，図の

11.2 光による物質の合成

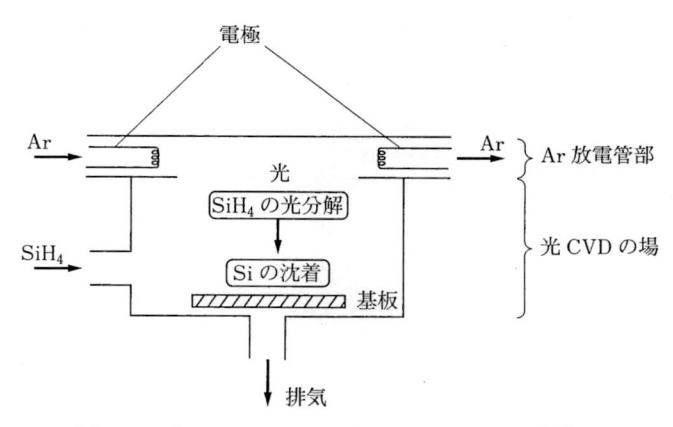

図11.3 光CVDによるアモルファスシリコンの製造

ような窓なしのAr放電管から出る107 nmの光を利用する.

気体原料の光分解で生成した原子状の生成物が基板上で成長する.この方法は薄膜状の材料を作り出すのに適していて,フィルム状アモルファスシリコンは安価で市販されている.

CVDにはプラズマを用いることも多いが,光反応による方が製造される半導体の欠陥が少なく,特性がよいともいわれている.

光ではないが,アルコール,アセトンなどの高温熱分解によるCVDによってダイヤモンドが合成できることもわかっている.生成するダイヤモンドは,結晶になる場合と,膜状のアモルファス状態になる場合がある[†].

レーザー光を利用した物質創製の著しい例の一つに,サッカーボール分子C_{60}フラーレンの製造がある.イギリスのKrotoは,宇宙空間にただよっていると考えられている炭素クラスター(数個の炭素原子からできている化学種)

[†] 光反応ではないが,ダイヤモンドもCVD法で生成する.エタノール,アセトンなどを熱によるCVDにかけると,シリコン基板の上にダイヤモンドが析出する.ダイヤモンドは高温・高圧でないと生成しないと思われていたのだが,気体から直接ダイヤモンドが生成したことは驚きであった.基板のシリコンの正四面体構造が析出する炭素の構造を規制しているものと考えられる(エピタクシーという).なお,この実験は1万円程度の装置でできるという.

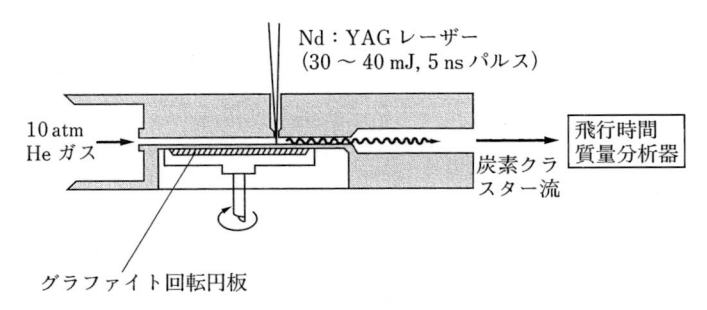

図 11.4 サッカーボール分子 C_{60} を作り出した Kroto, Smalley らの装置

を実験室的に生成させ，そのスペクトルを測定しようとして，グラファイトのレーザー分解を計画し，アメリカの Smalley の協力を得て，図 11.4 のような装置で実行に移した．そのとき C_{60} が生成することを見出したのであった[†]．

現在では，レーザーではなく，グラファイトを電極としたアーク放電でフラーレンが多量に作られているが，研究の端緒は，レーザーの作る高温，化学作用の利用であった．

[†] C_{60} 分子は，特異な構造と結合状態（5員環と6員環で構成されていて，分子全体が共役系）を持ち，その物性（超伝導性なども期待されている），反応性の研究は爆発的に展開されている．1996年のノーベル化学賞は Kroto, Smalley, Curl に与えられた．

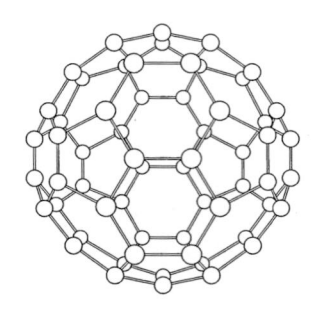

サッカーボール分子 C_{60} フラーレンの構造

絶対不斉合成

　鏡像異性体の片方を作るのには，反応物や触媒に鏡像異性体の一方だけを使い，その立体的影響によって反応をコントロールするのであった．したがって，不斉原子のないところからは鏡像異性体の一方だけを作り出すことはできないと信じられてきた．

　生命体は鏡像異性体の一方だけからできており，また一方だけしか利用できない．無生物の世界では鏡像異性体は区別されず同じように行動しているのに，生物では厳密に片方だけを選択しているのはなぜか．そもそも「地球上で鏡像異性体の一方だけが最初にどのようにして生まれてきたのか」は大きな疑問であった．

　この問題の解明に大きなインパクトを与えたのは，不斉を持たない分子の結晶の反応が不斉生成物を与えることがあるという発見であった．無から有を生ずることから"絶対不斉合成"と呼ばれた．

　一つの例をあげる．この反応の不斉収率（$e.e. = (R-S)/(R+S)$ あるいは $(S-R)/(R+S)$）は 92〜95% に達する．

　このようなことはなぜ起こるのだろうか？　その原因は，結晶中では原子・分子配置が固定され，自由な分子にはない不斉の場が生まれていることである．分子としては不斉がなくても，（結晶を作ったとき）立体構造が固定され不斉が生ずることがある．わかりやすい例をあげれば CH_2X-CH_2X 型分子である．

この分子は不斉炭素原子を持たず立体異性体がない．しかしよく見ると，二つのゴーシュ形は右手左手の関係にあって鏡像異性になっている．気体や液体の状態では単結合を軸とする回転があって，二つのゴーシュ形は相互変換するので異性体として認識されないが，結晶になるとき一方の立体構造だけが優先的に固定されると結晶全体が不斉になることがある（常にではなく，偶然によるところが大きい．ある研究によれば，分子として不斉のないものが不斉な結晶を与える頻度は8％にもなるという）．

　このような結晶の中で反応が起ると立体配置鏡像異性体の一方が有利になり，一方が選択的に（100％は難しいにしても，一方の割合が多く）できてくることがある．

　絶対不斉合成の成功例のほとんどは結晶中の光反応である．ここには，p. 44であげた光反応の特徴がよく現れている．光は結晶中を透過して反応中心に到達し，周りの構造を破壊しないで反応活性種を作る．反応活性種は不斉場の規制下で不斉生成物を与えるのである．

参考：小林啓二，林　直人：固体有機化学，化学同人 (2009)．

第12章 光電効果とその応用

　光によって画像情報を記録する技術として，写真の歴史は古く，1827年のNiepceによる技法に端を発する．現在では，スマートフォンなどにもカメラが付いていて，きわめて身近な存在となっている．本章では，写真フィルムの技術として現在も重要な銀塩写真と，デジタルカメラ用の撮像素子，ならびに，コピーやプリンタで馴染み深い電子写真法について取り扱う．基本となる原理は光電効果と色覚の仕組みであるので，それらの解説も加えた．写真の技術は，表紙の見返しに掲載した図の光 → 電気（銀塩写真は光 → 電気 → 化学反応）に対応する．同種のエネルギー変換を利用している太陽電池も，この章に含めてある．

12.1 色覚と情報記録

　視覚の光化学については10.3節で取り扱った．幅広い電磁波スペクトルの中で，視覚によって認識される部分を可視光といい，緑，黄，赤などの色光が含まれていることについても説明した（3.1節，図3.1）．「色」に関連する新しい材料の開発は，情報の記録や表示にかかわる新しい方法を次々と生み出している．

　色の違いによって起る視覚の違いを**色覚**という．色の見え方を分類すると，次のようになる．

① 散乱による色：Rayleigh散乱が有名．空が青いのはこの散乱で説明される．
② 分散による色：プリズムによる分散，水滴による分散（虹）など．波長による屈折率の相違により生じる．
③ 回折・干渉による色：CDやDVDでは，細かい溝が規則的に並んでいるために，干渉色としての虹色が観察できる．
④ 選択吸収による色：いわゆる「モノ」の色．物体色，表面色ともいう．

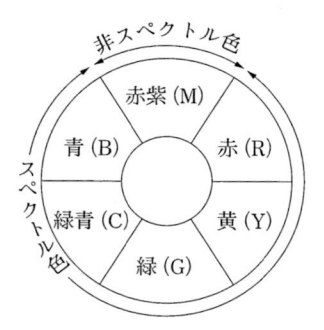

図 12.1 カラーサークル：スペクトル色 (R, Y, G, C, B) と非スペクトル色 (M)

　太陽光などの白色光をプリズムや回折格子で分光すると，虹の7色が現れる．ここには無数の色光が含まれる．波長が単一とみなされる正弦波の光を単色光という．レーザー光や，ナトリウム，水銀などの線スペクトルは波長幅（振動数幅）が狭く，単色光とみなされる．図 12.1 に，白色光に含まれる単色光のうち，赤 (R)，黄 (Y)，緑 (G)，緑青（シアン，C），青 (B) の5色を示した．これらのうち，R, G, B の三色を**加法混色の三原色**という．

　R, G, B の三原色は，デジタルカメラの撮像素子，コンピューターディスプレイ，テレビの表示における三原色として使われる．図 12.1 をカラーサークルと呼ぶ．R, G, B の色光をいろいろな強度で混合すると，全ての色が再現できる．例えば，下記のようになる．

$$R + G = Y \quad G + B = C \quad B + R = M$$

このうち，最後の式で表される赤紫色（マゼンタ，M）は，スペクトルには含まれない色で，非スペクトル色と呼ばれる．他はスペクトル色と呼ばれる．

　カラーサークルの反対側に位置する色を**補色**という．R と C，Y と B，G と M がそれぞれ補色の関係にある．物体色は，その物体が吸収した色の補色として観察される．銀塩カラー写真では，RGB の補色にあたる CMY を三原色として用いている．これを**減法混色の三原色**という．印刷や複写の三原色も CMY である．減法混色の三原色の色素をすべて混ぜ合わせると理論上は黒となる．しかし，文字情報や暗部を明瞭に現すために，キー・プレートとしての

黒 (K) を併用する.

R, G, B の色光を混ぜ合わせると白色光となる．この原理は三波長型蛍光灯や白色 LED で使われている．10.3 節で述べた視細胞には，明暗を感知する桿体細胞と，R, G, B のそれぞれの色光を感知する 3 種の錐体細胞がある．

12.2 光電効果

物質が光を吸収して，自由に動けるようになった電子を生じる現象，あるいは，それに伴って光伝導や光起電力を生じる現象を**光電効果**（photoelectronic effect）という．光電効果によって自由に動けるようになった電子を**光電子**（photoelectron）という．光電効果は次の 2 種に大別される．

① 外部光電効果：固体表面などから光電子が放出されるもの．
② 内部光電効果：固体内部などの伝導電子数が増加するもの．

外部光電効果の受光素子への応用例として，光電管と光電子増倍管がある．光電管の受光部はセシウム（Cs）などを含む合金でできている．ここに光を照射したときに発生する光電子 1 個あたりの運動エネルギー E の値は，照射した電磁波の強さ（光子の数 = 光量）には無関係で，光の振動数 ν と線形の関係にある．

$$E = h\nu - W$$

上式の W の値は仕事関数と呼ばれ，金属の種類で決まる物理量である．この実験式は Einstein の光量子説の根拠となり，この理論が新しい学問分野としての量子力学の誕生にも貢献した．

光電子を金属や半導体に照射すると，二次電子が放出される．半導体では 10 倍以上の二次電子が放出されるものがある．この過程をくり返す構造を持つ受光素子が光電子増倍管である．紫外・可視吸収スペクトルをはじめとする各種の分光測定に用いられる他，天体観測などの微弱な光の測定にも賞用される．その最先端に位置するものがスーパーカミオカンデである．物質（例えば，水）中を高速度で運動する電子が発する光を Cherenkov 放射という．スーパーカミオカンデには，ニュートリノなどがはね飛ばした電子の Cherenkov 放射を捉えるために，直径約 50 cm の光電子増倍管約 12000 本が取り付けられている．

外部光電効果の原理を分子に応用したものが X 線光電子スペクトル[†1] である．シンクロトロン放射光[†2] を用いて光電子スペクトルを測定すると，分子軌道のエネルギー，軌道の広がり，振動構造などの詳細な解析が可能である．

本節の冒頭に述べた光伝導や光起電力を生じる原因は，内部光電効果によって半導体の伝導電子数が増加するためである．光電子が光伝導をひき起す例としては，有機光伝導体（12.6 節）がある．光電子が光起電力を生じる例としては，フォトダイオードがあり，太陽電池はこの原理を応用したものである．伝導帯に光電子を生じる現象としては，これらの他に，本多‒藤嶋効果（6.7 節，p. 95〜）や銀塩写真がある．

12.3 ● 銀 塩 写 真

銀塩写真は，ハロゲン化銀をガラス板（乾板）やフィルムに感光主体として塗布した写真法の総称である．ヒトの視細胞は，可視光の全領域に感度を有するが，ハロゲン化銀の分光感度の極大は 400 nm 以下の紫外域にあり，青色光以外にはほとんど感度を示さない．この欠点を補うために，増感剤として種々の色素（分光増感色素という）が用いられる．ハロゲン化銀または**増感色素**が光を吸収すると，ハロゲン化銀の伝導帯に光電子が注入される．この光電子が結晶格子間の銀イオン（Ag^+）と結合し，銀原子 Ag が形成される．この過程がくり返し起ると，銀のクラスター Ag_n が成長していく．

$$Ag^+ + e^- \rightarrow Ag \rightarrow \cdots\cdots \rightarrow Ag クラスター (Ag_n)$$

上式の n の値が 4 を越えたものを潜像中心という．潜像中心は現像という過程により，10^{10} 個もの銀原子に増幅される．現像により，この光反応の量子収量は約 10^9 にも達する．このように，わずか数個の光子の吸収により画像形

[†1] ESCA (electron spectroscopy for chemical analysis) とも呼ばれる．
[†2] シンクロトロン（同期式円形加速器）の接線方向に放射される指向性の強い白色光．赤外線から硬 X 線に至る幅広い光源として利用される．

成が可能であることは，銀塩写真の高い感度と高解像力を与える原因となっている．

12.4 太陽電池

太陽電池は，多種多様のものが知られているが，大別すると，次の3種に分類できる．

① ケイ素系
② 化合物半導体系
③ 有機系

これらのうち，有機系は有機半導体を用いるものと，酸化チタンに増感色素を組み合わせて用いるもの（Grätzel 電池）がある．**Grätzel 電池**については，第4章のコラム（p.67）ですでに説明した．Grätzel 電池は化学反応系を含む電池であるのに対し，①〜③の他のすべての太陽電池は，p 型半導体と n 型半導体で構成されている．

p 型半導体と n 型半導体を接合すると，それぞれの価電子帯と伝導帯が図12.2 に示す勾配を持つように変化する．図の縦軸は電子のポテンシャルを表している．p-n 接合に特定の波長以下の光があたると，価電子帯の電子が励起されて，伝導帯に昇位する（内部光電効果）．この電子はポテンシャルの低い

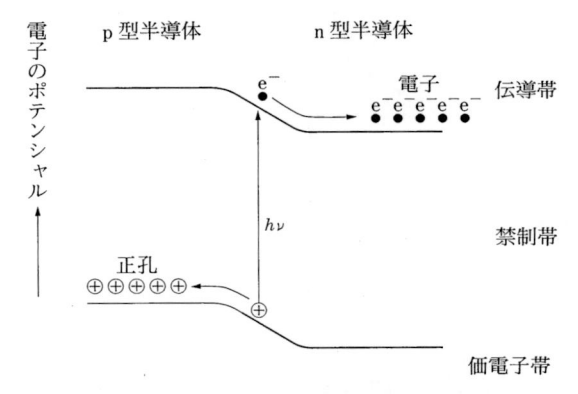

図 12.2　p-n 接合における光起電力発生の模式図

下方に流れる．一方，価電子帯に生じた正孔（ホール）は，ポテンシャルの低い上方に流れる．正孔のポテンシャルは電子と反対方向になるためである．したがって，p-n 接合の両端に結線すれば，光起電力をとり出すことができる．以上が太陽電池およびフォトダイオードの原理で，これは，15.1 節で説明する発光ダイオードとちょうど裏返しの関係にある．

内部光電効果によって光伝導や光起電力を生ずる限界の波長 λ は，次式で計算できる．

$$\lambda = 1240\,(\text{eV nm})/E_g\,(\text{eV})$$

ただし，E_g は図 6.5 (p. 96) にもすでに示した価電子帯と伝導帯のエネルギーギャップ（バンドギャップ），つまり，禁制帯幅を eV 単位で表したものである．本多-藤嶋効果を示す酸化チタンの E_g は，ルチル型で 3.0 eV，アナターゼ型で 3.2 eV であるから，上式で計算した λ のしきい値は 413 nm または 388 nm となる．価電子帯，伝導帯のそれぞれにほぼ連続したエネルギー準位があるので，これらよりも高エネルギー（短波長）の光は吸収される（連続スペクトルを与える）ということになる．酸化チタンは，このように，紫外光にしか応答しない．可視光が中心となる太陽電池に使うためには，色素増感の手法により，Grätzel 電池を形成するなどの工夫が必要となる．

ケイ素（シリコン）の禁制帯幅（E_g の値）は，1.1 eV である．同様にして，λ のしきい値を計算すると約 1100 nm（1.1 μm）となり，実際，可視光の全領域にわたって吸収を示す．シリコン太陽電池が受光した太陽エネルギーの 25 %[†1] もの高い変換効率を示す理由は，このような小さな E_g を持つことにある．

12.5 ● 撮像素子

フォトダイオードのように光に応答する光学素子[†2]を二次元平面に細かく

[†1] 2011 年における単結晶シリコン素子の場合の値．Grätzel 電池の場合はおよそ 12 % であるが，信頼性や発電コスト等，効率以外の要素も重要なポイントとなる．

[†2] より正確には，MOS 構造（金属と半導体の間に酸化物がはさまれた構造）を持つような素子を組み合わせた光学素子．

12.5 撮像素子

並べた撮像素子として，CCD および CMOS がある[†1]．受光のユニットとなる光学素子を画素という．光リトグラフィー技術 (13.1 節) の進歩により，画素の高精細化と画素数の向上が急速に進み，ヒトの眼の錐体細胞の数を上回るものも登場している[†2]．

R, G, B への三色分解は，プリズムで三つの光軸に分け，3 個の撮像素子で記録する方法と，一つの撮像素子の画素のそれぞれに R, G, B のカラーフィルターをかける方法がある．これらの撮像素子は，デジタルビデオカメラとして，従来の電子管方式 (外部光電効果を利用したビジコンやサチコン) にとって代った．また，デジタルカメラの撮像素子としても使われ，銀塩法によるフィルムカメラをも駆逐してしまった感がある．その理由は，半導体を用いる固体撮像素子が，小型，軽量，堅牢，メンテナンスフリーで，しかも安価であることにある．一方，銀塩フィルムの利点としては，短時間露光が可能，寛容度[†3]が高い，長期保存が可能という点があげられる．

フィルムの露光によって潜像中心が生ずるのに要する時間は ns のオーダーであり，フォトダイオードの応答速度は μs のオーダーである．しかし，CCD や CMOS で得た情報を取り出す方法は，逐次処理[†4]という一次元処理である．この処理時間と，多量の情報を蓄積する半導体メモリの価格等の点で，高画質の高速度撮影 (例えば，5000 コマ/秒) は 16 mm フィルムによる映画撮影の方が現状では優位にある．しかし，応答時間の観点からは技術的に超えられない壁ではない．寛容度が高いことによる画質の高さと情報の長期保存 (第 13 章コラム「文化の継承と記録材料」参照) のうち，特に後者では銀塩写真が勝

[†1] CCD charge coupled device；CMOS complementary metal oxide semiconductor
[†2] それでもなお，解像度の高さや視野の広さなど，多くの点でヒトの眼の方が勝っている．その理由は，脳の中で，記憶に基づく高度な情報処理がなされているためと推定されている．
[†3] 感光材料の露光量 $Expo$ と画像濃度 D を表す写真特性曲線において，$\log_{10} Expo$ と D とが線形特性を示す幅 l を寛容度 (latitude) という．l の値が大きいと微妙な陰影の描写が可能となる．
[†4] 例えば，1 画面を記録するために画面の左上端の画素から右下端の画素に向けて，1 行ごとに各画素の情報を逐次的にとり出すため，一次元の情報の並びとなる．

っており，今後も継続して利用される技術として重要である．

12.6 電子写真

電子複写，普通紙コピー，ゼログラフィー，電子印刷などとも呼ばれる．

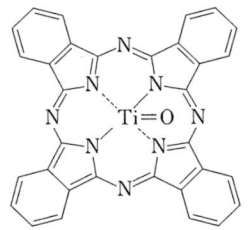

セレン (Se) やチタニルフタロシアニン (図) は p 型半導体で，光照射によって伝導帯に電子が昇位したとき (内部光電効果)，価電子帯のホールが動きやすくなって電荷のキャリアとなり，電気抵抗値が著しく低下する光伝導を示す．硫化カドミウム (CdS) は n 型半導体で，光伝導におけるキャリア

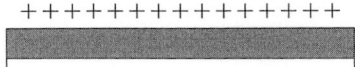

チタニルフタロシアニン

① 感光体 (半導体を使う) の薄膜 ($5 \sim 200\ \mu$m) にコロナ放電を利用して帯電させる

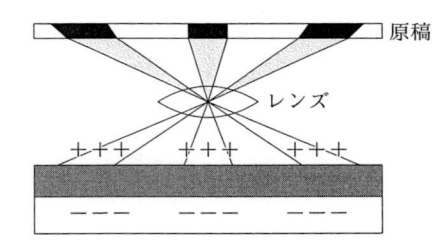

② 光をあてる
光のあたったところだけ電気抵抗が減少して電荷が失われる

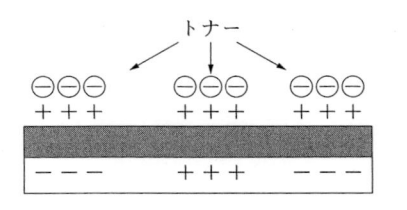

③ 静電荷を帯びたトナーを電荷の残っている部分につける

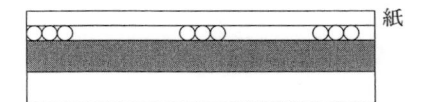

④ トナーを紙に移す
⑤ このあと加熱してトナーを紙に定着する

図 12.3 電子写真における画像形成過程

は電子である．CdS は可視光に感度良く応答するため，露出計や照度計として用いられた．CdS や Se は毒性を持つため，現在はほとんど使用されていない．電子写真の感光体として最も多量に使われているものは**有機光伝導体**（organic photoconductor；OPC）で，チタニルフタロシアニンはその代表例である．電子写真における画像形成過程を図 12.3 に示す．カラーの複写や印刷の場合は，この過程を 4 回くり返す（12.1 節に記した CMYK の 4 色）．レーザープリンターは，電子写真の露光用光源に半導体レーザーなどの光を用いて高速化と高画質化を図ったものである．

▶▶コラム ・・・・・・・・・・・・・・・・・・・・・・・・・・・・・・・・・・◆○◇◆◇◆ ◇ ◆

真 性 半 導 体

　機能材料を光化学の視点で捉えるときに，半導体はきわめて重要な地位を占めている．半導体というのは，電気伝導率 σ が金属（導体）と絶縁体の中間の $10^3 \sim 10^{-10}$ S cm^{-1} 程度の結晶性物質である．導体では σ は温度の上昇とともに低下する（電気抵抗が増大する）が，半導体では σ が増大するのが一般的である．ケイ素，ゲルマニウム，セレンなどの単一元素からなる半導体や，ヒ化ガリウム（ガリウムヒ素ともいう），インジウムリンなどの化合物半導体がある．不純物の比率が低い半導体を真性半導体という．絶縁体は図における価電子帯（valence band：E_v，化学結合に関与する電子があるエネルギー準位）と空の準位である伝導帯（conduction band：E_c）とのエネルギーギャップ E_g が大きく，電流は流れない．真性半導体では価電子帯の電子が室温ではほんの少しだけ伝導帯に上がることができ，伝導帯の電子は，結晶内を動きまわる自由電子としてふるまう．価電子帯と伝導帯の間には電子は存在できないので，この間のエネルギー帯を禁止

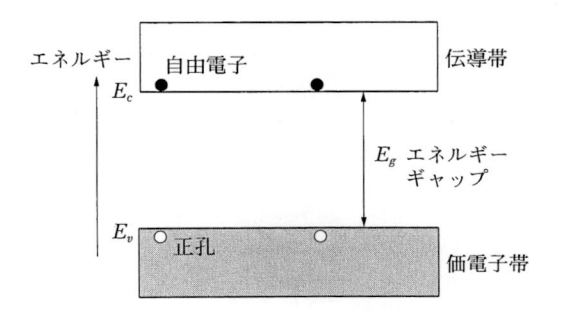

帯または禁制帯と呼ぶ．価電子帯から伝導帯に電子が上がると，価電子帯にはその抜け穴が生じる．これを正孔と呼ぶ．伝導帯では電子が動き，価電子帯では正孔が動いて電流を運ぶのが半導体の特徴である．しかし，その電気伝導性は小さく，温度依存性が大きい．

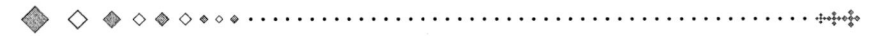

コラム

不純物半導体

真性半導体に不純物を添加（ドーピング）すると，大きな電気伝導性を示すようになる．ケイ素は最外殻に4個の電子を持っている．ケイ素の結晶中で，少量のケイ素原子を5個の最外殻電子を持つヒ素やリンに置き換えると，それらの5個目の電子は化学結合には不要なため，結晶中で自由に動く．ホウ素やインジウ

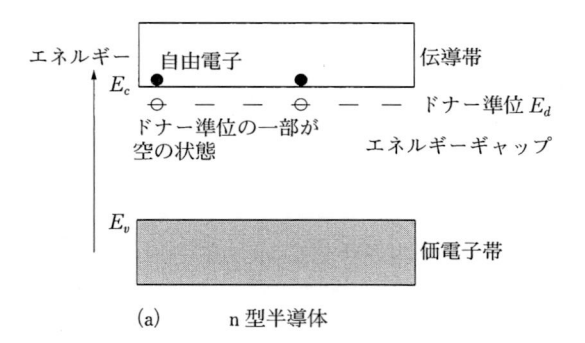

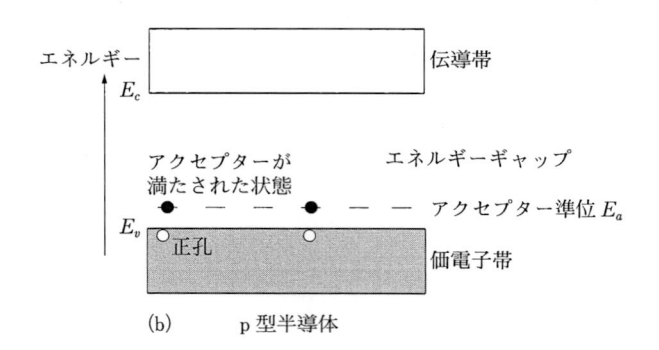

(a) n型半導体

(b) p型半導体

ムでは3個の最外殻電子を持つので，これらを不純物として置き換えれば，正孔を生じて正電荷が自由に動く粒子のようにふるまうことになる．このようにして電気伝導度を向上させた半導体を不純物半導体という．ヒ素やリンの添加は，図(a)のように不純物がドナーとなって伝導帯に自由電子を生じるので，負の電荷を持つ電子の存在が増すという意味でn (negative) 型半導体と呼ぶ．一方，ホウ素やインジウムの添加は，図(b)のように不純物がアクセプターとなって価電子帯に正孔を生じるので，正の電荷を持つ正孔の存在が増すという意味でp (positive) 型半導体と呼ぶ．

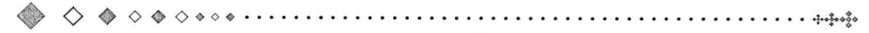

▷▷コラム

半導体ダイオード

電圧Vと電流Iの特性曲線が図のように，順方向では電流が流れ，逆方向ではほとんど流れないような整流特性を示す半導体素子を半導体ダイオードという．2端子の一方をアノード（陽極），他方をカソード（陰極）といい，アノードからカソードへの方向が順方向である．多種多様の半導体ダイオードがあるが，p-n接合の発光現象（EL）を利用する発光ダイオード，光起電力効果を利用して光を検出するフォトダイオード，半導体レーザーなどは，オプトエレクトロニクス素子として重要である．太陽電池もp-n接合の光起電力効果を利用する方式が現在の主流となっている（12.4節参照）．

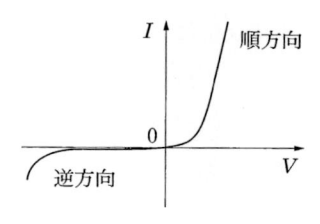

第13章 光記録と光通信

　人類の歴史を道具を作る材料で分類すると，石器時代，青銅器時代，鉄器時代という変遷がある．この観点で現代を位置づけると，半導体時代であるという解釈がある．本章では，高精細な半導体回路の製造に使われる光リトグラフィーについて取り扱う．光→化学反応の技術である．その源はフォトレジストによる印刷用版下の製造であったことを考えると，光記録の一種とも考えられる．光→熱（→化学反応）の原理に基づく光ディスクや，光→光（屈折率変化）を利用したホログラフィーの近未来技術についても触れる．電気通信から光通信〔光→光（変調，増幅等）〕への技術変化の経緯についても解説する．

13.1 ● 光リトグラフィー（フォトレジスト）

　現在，光化学反応が最も広く利用されているのは，高集積の半導体回路（超LSI）製造に対する応用である．超LSIは，半導体（シリコン）基板の上に微小な素子を作り出し，さらにそれらを微小な導線で結んで作られた高密度の集積回路である．

　超LSI製造の工程は，まずシリコン基板を光反応性の物質で覆い，**ポジ型**の場合には素子になる部分を光反応によって溶媒に可溶性のものに分解する．溶媒（エッチング剤）で洗って，素子部分を露出させ，ここにホウ素を注入することによってp型半導体を，リンやヒ素を注入することでn型半導体を作り出す．再び光反応で回路部分を切り出し，金属を蒸着したりして半導体を結び合わせた集積回路を作る．以上の工程を**図13.1**（p. 188）に示す．

　ネガ型はポジ型と逆に，光があたったところが溶媒不溶性になるものである．

　ポジ型，ネガ型レジストの例を示す．

ポジ型（光可溶化，光崩壊性）

$$\left(-CH_2-\underset{\underset{OCH_3}{|}}{\underset{|}{\overset{CH_3}{\underset{|}{C}}}}-\right)_n \xrightarrow{h\nu} -CH_2-\overset{CH_3}{\underset{\cdot}{\underset{|}{C}}}-CH_2-\underset{\underset{OCH_3}{|}}{\overset{CH_3}{\underset{|}{\overset{|}{C}}}}- \;+\; CO \;+\; \cdot OCH_3$$

ポリメタクリル酸メチル

$$\longrightarrow -CH_2-\overset{CH_3}{\underset{|}{C}}=CH_2 \;+\; \cdot\underset{\underset{OCH_3}{|}}{\overset{CH_3}{\underset{|}{\overset{|}{C}}}}-CH_2- \longrightarrow 解重合$$

カルベン

アルカリ可溶

ネガ型（光不溶化，架橋）

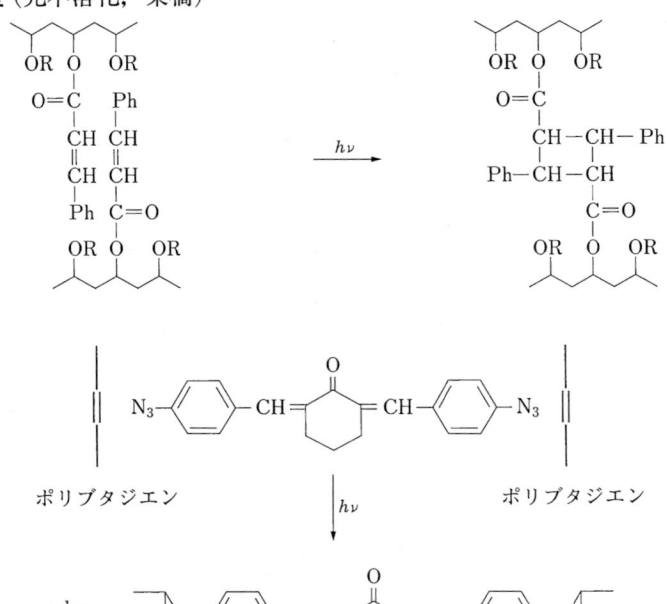

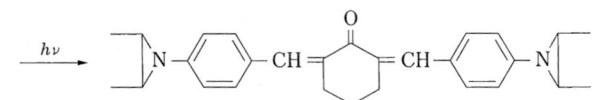

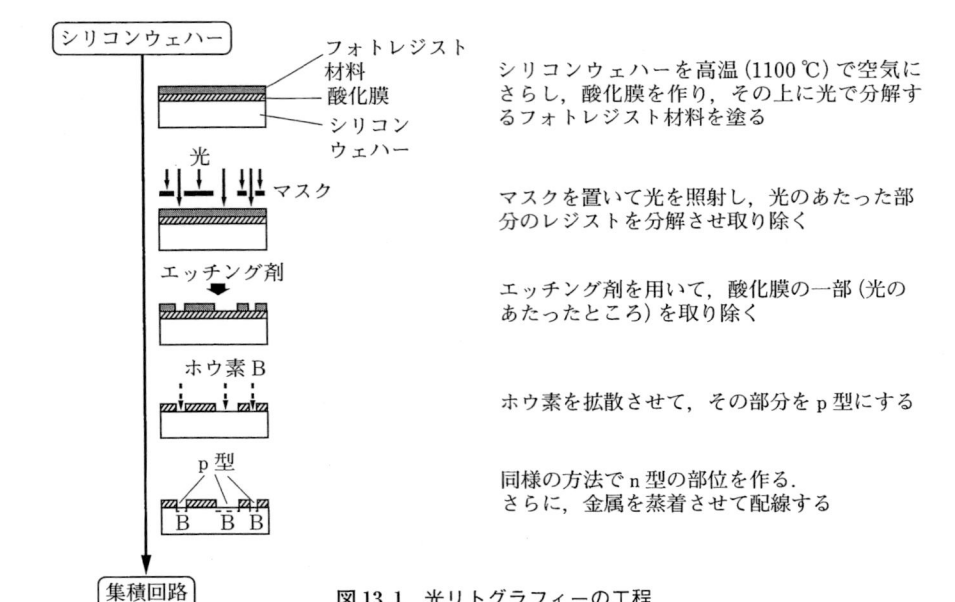

ポリブタジエン　　　　　　　　　　　　ポリブタジエン

シリコンウェハーを高温（1100℃）で空気にさらし，酸化膜を作り，その上に光で分解するフォトレジスト材料を塗る

マスクを置いて光を照射し，光のあたった部分のレジストを分解させ取り除く

エッチング剤を用いて，酸化膜の一部（光のあたったところ）を取り除く

ホウ素を拡散させて，その部分を p 型にする

同様の方法で n 型の部位を作る．
さらに，金属を蒸着させて配線する

図 13.1　光リトグラフィーの工程

13.2 ● 光ディスク

光をなかだちとする情報記録の方式は，次の2種に大別される．

① フォトンモード

② ヒートモード

銀塩写真や電子写真では，光子（フォトン）1個に対して何個の反応あるいは何個の光電子が発生するかというふうに，光自体が記録材料の状態変化に関与している．これをフォトンモード記録という．眼の中でのロドプシンの反応や，撮像素子における現象もフォトンモードで起っている．一方，本節で扱う光ディスクにおける記録方式は，光を吸収して昇位した電子そのものではなく，それが内部変換 ② (p. 29, 図 3.10) によって失活するときの熱が状態変化に関与している．これをヒートモード記録という．

現在使われている光ディスクは直径 12 cm のものが大部分で，CD，DVD，BD の 3 種がある[†1]．記録や読み出しには，それぞれ 780，650，または 405 nm の半導体レーザーの光を用いている．レーザー光を集光してディスク面に変化が生じた状態をビットという．ビットの最小の大きさは，おおよそ波長の程度のオーダーとなるため，レーザー光の波長が短いほど記録容量が増す．CD，DVD，BD の記録容量は，それぞれ約 700 MB，4.7 GB，25 GB である[†2]．それぞれ，読み出し専用型，追記型，書き換え型がある．読み出し専用型は型押しによって大量に複製されるもので，音楽 CD，ビデオ DVD やコンピューター・ソフトウェアとして市販される．追記型 CD や DVD では，アゾ系やフタロシアニン系のいわゆる**赤外線吸収色素**が記録材料として塗布され，レーザー光で化学反応（分解反応）が起ってビットが形成される．未記録部分に情報の追記はできるが，書き換えは不可能で，write once 型とも呼ばれている．書き換え型では，特殊合金が記録材料として塗布され，熱による可逆的な相変化

[†1] CD compact disc, DVD digital versatile disc, BD blu-ray disc
[†2] 2019 年 4 月現在の値．B は byte（バイト）の略で，8 bits が 1 byte．bit（ビット）は binary digit の略で，情報を 0 と 1 の 2 種の記号で表すとき，その 1 個の記号のことを指す．

を利用してビットの形成と消失を実現している.

フォトクロミズムを示す化合物 (7.5 節, p. 120) を用いると, フォトンモードの光ディスクができる可能性がある. フルギドの例は p. 120 に, ジアリールエテンは p. 103 左端の 2 例に示した. これらはいずれも, Woodward-Hoffmann 則 (p. 51) に従う光閉環・光開環反応である[†1]. アルケンなどの E-Z 異性化 (p. 89) に基づくフォトクロミズムも知られている. アゾベンゼン (p. 110 右中段) や, ロドプシン中のレチナール残基 (p. 160) がその例である.

フォトクロミック化合物を光ディスクに応用するために克服すべき条件のうち, 主要なものは下記の通りである.

① それぞれの異性体の熱安定性
② 記録の書き込みや消去をくり返したときの耐久性
③ 半導体レーザー感受性
④ 非破壊読み出し
⑤ 分子吸光係数と量子収量

上記の各項目のそれぞれについて, 改良が進んでいるが, すべてを満足する材料は知られていない. 例えばジアリールエテン類のうち, p. 103 下段に示したチオフェン環を含む化合物は, ベンゼン環に比べて芳香族としての共鳴安定化エネルギーが小さい (フェニル: 116 kJ mol^{-1} に対してチエニル: 20 kJ mol^{-1}) ため, 開環体と閉環体のエネルギー差が小さく, 両異性体がともに安定である. また, くり返し耐久性も高く, 10000 回のくり返しによる着色体の吸光度変化が 10 % 以下である. しかし, 例えば ④ の非破壊読み出しの点では特に工夫がない. 光化学反応にはしきい値がないので, 着色形を読み出すために可視光を照射すると, 着色形の量子収量に従ってその一部または全部が消色形に戻ってしまう「破壊読み出し」という状況になる. 着色形と消色形は化学構造が異なるので, 色以外の屈折率, 導電性, 磁性, 旋光性などの差を利用して非破壊読み出しを行う工夫が進められている.

[†1] ただし, スチルベン $C_6H_5CH=CHC_6H_5$ は, 光閉環後に酸化されてフェナントレンになるので, 光開環はほとんど起らない.

13.3 ホログラフィー

　光を特徴づける物理量として，振幅（光の強さ），波長（または振動数），および，位相[†]が重要である．カラー写真，印刷やテレビ画像等では，これらのうち，波長（色）と振幅（色の濃度）の情報のみが記録または表示される．光の位相に関する情報は記録されていない．

　最近，クレジットカードや金券等に**ホログラム**が使われることが多くなった．ホログラムで立体画像の再生が可能な理由は，その記録が光の振幅だけではなく，位相情報を含めて行われるところにある．

　ホログラムに関連する光学技術をホログラフィーという．ホログラフィーでは，光の平面波を物体にあて，その透過光または反射光と，もとの平面波（参照光という）との位相の違いに基づく干渉像を記録する．干渉像は明暗の縞模様であるから，光の位相を含む情報が強度の情報のみに変換されたものである．したがって，銀塩フィルムやフォトポリマーに記録できる．R, G, B 3種の色光を用いれば，フルカラーでの記録も可能である．このようにして記録された干渉像は単なる縞模様にしか見えないが，参照光をあてると，もとの物体の立体像が再生できる．

　図13.2に，**光の位相の情報**が光の強度の情報に変換される様子を模式的に示した．図において，(a) と (b) は位相が一致している．このとき，これらの光の波を合成すると，光の振幅は2倍となる（明るくなる）．一方，(b) と (c) は，その位相が π (180°) だけずれている．これらを合成すると，光の振幅は0となる（暗くなる）．位相のずれが $n\pi$ ($n = 0, 1, 2, \cdots$) 以外のときは，0 と π の中間の明るさとなる．

　Gabor がホログラムの原理を創案したのは1948年である．当時は干渉性の高い光の入手が困難であったが，その後のレーザー技術の進歩によりホログラフィーの発展がもたらされた．Gabor は1971年にノーベル物理学賞を受賞している．

[†] 本書3.3節 (p.21) にも「位相」という語句が用いられている．意味が異なるので注意を要する．

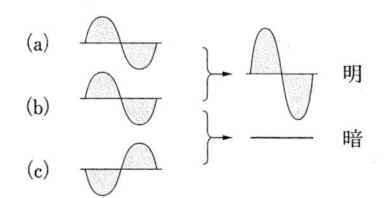

図 13.2　(a)と(b)：in phase（同位相）の光の干渉：
　　　　　(b)と(c)：out of phase（異なる位相）の光の干渉

　ホログラムの干渉縞の記録方法には，レリーフ型と体積型がある．レリーフホログラムは，干渉縞を材料表面の凹凸（レリーフ）として記録する．その材料は半導体産業で用いられるフォトレジストである．表面の凹凸を金型に写しとると，エンボス法[†]などによって大量に複製できるので最も普及している．白色光で再生すると虹色が見えるレインボーホログラムが代表的である．体積ホログラムは，干渉縞を材料の内部の屈折率や透過率の変化として記録する．その材料としては，フォトポリマーなどがよく用いられる．体積型のうち，白色光で再生が可能なものにLippmannホログラムがある．レインボーホログラムのように観測位置で色が変化することがないため，カラー化にも適している．

　いくつかのチェスの駒を記録したLippmannホログラムを視点を変えて観察すると，駒の見え方が変化する．ある場合にキングの真うしろにクイーンがいたとすると，視点の変化により両者は離れて位置するように見える．これは写真や印刷にはないホログラムの特徴である．ホログラムに記録されている干渉縞は，そこに写されたもとの対象物よりもずっと単純なように見える．実は，このようにもとの情報を単純化して記録できるところがホログラムの最もすばらしい特徴である．これは，写真やビデオでは全く真似のできない新しい情報処理の世界が拓けることを意味している．

　最近は絶対音感を持つ人が増えてきた．任意の音の高さを把握できるため，例えば，ギターの曲を聴いただけで，それを音符で記せる．音の高さというの

[†]　熱可塑性樹脂の薄膜に熱と圧力をかけて型取りする方法．

は，振動数（周波数）のことである．コードを記せるということは，その和音の成分の振動数を，例えば3種聞き分けられるということである．音の波をオシロスコープで観察すると，とても複雑であるが，和音の記号は単純である．これは，もとの波をそこに含まれる振動数の数値のみで表していることに相当する．

　数学の世界では，ある関数をその振動数（周波数）成分に分けた表現に変換することを，**Fourier 変換**（FT：Fourier transform）という．有機化合物の構造決定に欠くことのできない核磁気共鳴吸収（NMR）装置は，今や FT-NMR が一般的である．微弱で複雑な信号を振動数成分に分けて積算できるため，短時間での測定が可能となる．

　ホログラムにおける干渉像は，実は，ある種の回折[†]によって Fourier 変換された像である．この変換は，平面波があたった光路のすべてにおいて一度に起こる．ビデオのように，左上端から右下端に向けて何百万もの画素を走査するという必要がないのである．ホログラムを作製するということは，それ自体が一種の**光演算**であり，現行の情報処理が最も不得意とするパターン認識の分野でまずその威力を発揮するものと期待されている．後述する光通信の発展とともに，光演算に関係する新しい素子が次々と登場している．この分野の究極のターゲットは，光コンピューターである．

　これまでに紹介したホログラムは，すべて write once（書き換え不可能）型である．光学的にホログラムの干渉像を得る過程は，上記のように短い時間でなされるので，この情報を可逆的に書き込める材料があれば，動画対応のホログラムが作製できる．音速を超える速度を持つジェット機では，視線を計器に移したほんの一瞬に約 100 m もの距離を移動してしまう．ホログラフィーを利用して，計器盤の数値を前方視界の中に浮かびあがらせるヘッドアップディスプレイは，すでに実用化されている．入射した光の空間的強度分布に応じて，固体内部の屈折率が変化する物質を**フォトリフラクティブ材料**という．最

[†] たとえば，Fraunhofer 回折と呼ばれる回折．

初，無機結晶でこのような効果を示す材料があることが確認された．最近ではフォトポリマーが，機能設計しやすいために，注目されている[†]．書き換え速度や画像保持時間を改善することにより，特別な眼鏡が不要な三次元立体テレビができると期待されている．

13.4 ● 光 通 信

通信 (communication) のもとの意味は，情報や考えを分かち合うこと，共有することである．パーソナル・コミュニケーションとマス・コミュニケーションに分けられる．前者は，会話などのように人がその意志や感情を他人に知らせることであり，返事が返ってくる直接的な相互伝達である．後者は，新聞やテレビ放送などのように間接的で，おおむね一方的な伝達をさす．

通信は，人間の五感のうち，主として視覚と聴覚によってなされる．視覚による伝達手段は，身振り手振りなどを起源としており，光通信の性格を持つ．縄の結び目による情報伝達や，のろし，松明（しょうめいともいう），旗，腕木など，空間的距離をへだてた光通信へと発展した．絵画は絵文字を経て文字に変わり，飛脚便，伝書鳩などから郵便制度へと変遷していく．さらに，木版印刷や活版印刷の発明は，書物，新聞などによる大量伝達を支えることになった．聴覚による伝達手段は，叫び，うめき，拍手などを起源とし，太鼓，鐘，ホラガイ，ラッパ，等々を生む一方，言語の誕生により，人間に固有の意志伝達手段を与えた．

1844年に発明された電信，および，1876年に実用化された電話の技術は，電気通信系のマスメディアであるラジオやテレビの放送へと発展した．しかし，インターネットをはじめとして，大量の情報が飛び交う現代にあっては，電気通信の手法では対処しきれないいろいろな問題が出てきた．その一つが，**周波数帯域**の問題である．最も周波数（振動数）の低い放送帯は中波 (MF: medium frequency) で，50 kHz から 1600 kHz（波長約 600 m から 200 m）で

[†] 例えば，P.-A. Blanche et al., Nature, **468**, 80-83 (2010).

13.4 光通信

ある (p.15, 図 3.1 の最下部に相当). 東京近辺ではこの中に 7 局の放送局があり, それぞれが 10 kHz 程度の幅を持つ周波数帯域を割りあてられている. 音声や音楽の場合はこれでよいが, テレビのように動画像が含まれると, 中波の放送帯をすべて使っても 1 局の放送さえ不可能である. 現在, 地上デジタル放送では, $0.1 \sim 1$ m の波長の UHF (ultla high frequency) 帯を用いている. 300 MHz から 3 GHz の周波数帯のなかで, デジタル放送には $470 \sim 578$ MHz が割り当てられており, 最大 18 局で使用できる. 各局の周波数帯域は 5.6 MHz である. 短い波長の電磁波を用いれば, 帯域を広くとれるため, 放送波は次々と短波長の領域を利用することとなった.

わが国の電波法でいう電波とは, 周波数 3 THz 以下 (波長 0.1 mm 以上) の電磁波をさす. 放送以外にも, レーダー, 航空無線, 衛星通信, 携帯電話, 電子レンジ, ラジオコントロール, ワイヤレスマイク, アマチュア無線など多種多様の目的で利用されており, 電気通信のみで通信をまかなうことは不可能になっている. これを救ったのが, 3 THz 以上の周波数 (0.1 mm 以下の波長) の光を用いる光通信である. 光無線通信[†1] という手法も存在するが, 電気通信に置き換わったのは**光ファイバー**を用いる方式で, 次の特徴を有する.

① 広帯域
② 低損失
③ 軽量・細径・柔軟
④ 無誘導・無漏話・安全

電話回線や有線テレビ回線のための電気通信では, 同軸ケーブルが使われる. これは数百 MHz の周波数であるのに対し, 石英をコア[†2] とする幹線伝送用光ファイバーは, 例えば 1.31μm (229 THz) の光を使用しており, 広帯域である. 同軸ケーブルに比べて光ファイバー内では信号の損失 (減衰) が少

[†1] パソコン, 携帯電話, リモコンなどに使われる赤外線通信がその主なものである.
[†2] 光ファイバーは, 石英を主体とする幹線用とプラスチック製の短距離用がある. いずれも中心部 (コア) は純度が高く, 周辺部 (クラッド) は屈折率が低い二重円筒の構造を持っている.

なく，信号を増幅するための中継点の数を 1/10〜1/20 に減らすことができる．同軸ケーブルの外径は標準で約 9.5 mm であるのに対し，光ファイバーのクラッド径は 125 μm，二重の被覆を施してもその外径は 0.9 mm である．電気通信では，電磁誘導や表皮効果（中心の電流の一部が外表面に流れる現象）によりノイズを発生する場合があるが，光ファイバーには電流が流れていないので，これらに基づくノイズはない．また，同じ理由により，落雷に対して安全で，スパークを発生することも皆無である．光ファイバーの唯一の欠点は，その接続方法が電気回路の場合とは異なって，複雑で高価なことである．しかし，上記のような数々の特徴があるために，電気通信から光通信への移行が急速に進展している．

　光通信で送信されるもとの情報は，電話，ファクシミリ，テレビ，コンピューター出力などの電気信号である．したがって，通信のためには電気→光への変換が必要で，レーザー技術が光通信の重要な柱となっている．光ファイバー中で減衰した光は，希土類添加ファイバー増幅器で光学的に増幅でき，光電変換は不要である．受信された情報は光→電気の変換により再び電気信号に戻される．基本的には 12.4 節で述べたフォトダイオードの機能を持つ素子を用いて変換する．**オプトエレクトロニクス**とは，光と物質の光学的性質を電子工学と結びつけて新しい応用をはかる技術のことである．**フォトニクス**（光工学）という用語は，現在は光通信に限定されて使われることが多いが，本来は，オプトエレクトロニクスよりも広い領域で，電子に頼らず光のみで処理をする分野を含む用語であろう．上述のファイバー増幅器や，13.3 節で述べたフォトリフラクティブ材料など，光のみで機能する新しい素材や素子が次々と発見されている．フォトニック結晶もそのような新素材の一つで，光記録，表示，レーザー発振などへの新しい応用が期待されている[†]．フォトニクスの学問分野は今後ますますその対象を拡大して発展すると考えられる．その鍵を荷なうのは，新しい光機能材料の研究である．

[†] 長村利彦：化学者のための光科学，講談社 (2011) p. 113．

▶▶コラム ・・・・・・・・・・・・・・・・・・・・・・・・・・・・・・・・・◆◇◆◇◆◇◆

文化の継承と記録材料

　人類はその築きあげた文化を継承するために，種々の記録材料を工夫してきた．岩石や粘土板などのケイ酸塩類，パピルスや羊皮紙などの紙類，マイクロフィルム，磁気テープ，磁気ディスク，光ディスク，フラッシュメモリなどである．印刷や写真は，記録を効率よく行うための技術として位置づけられる．英語の paper の語は，パピルス (papyrus) に由来している．エジプトの乾燥地帯は，パピルスの保存に特に好都合であったため，約 5000 年前の文書が残存している．

　現代の紙の保存性能は，200 年程度ということである．和紙の寿命は長いが，洋紙はおおむね短く，保存状態が悪ければ 100 年も持たない．現代的な記録材料の中で，最も保存性能のよいものは白黒マイクロフィルムで，500 年以上といわれている．カラーフィルムは 100 年前後である．光ディスク，磁気ディスク，磁気テープ等の最先端技術による材料は，大容量記録が可能である反面，保存期間は短い．おおむね 5～50 年程度ではないかといわれている．しかし，読み出しシステムや媒体自体の規格変更が頻繁であるため，実際はもっと短命である．

　スペインのアルタミラの洞窟で発見された岩面に描かれたバイソンの壁画は，2 万年ほど前の旧石器時代のものとされる．現存する世界最古の法典はメソポタミア文明の Ur-Nammu 法典 (BC 2100 頃) で，粘土板に楔形文字で記されている．その頃のレリーフ画像も残存している．情報の長期保存に最適の材料は，石や土を素材とするものであるといえる．いろいろな記録材料を比較すると，保存期間と記録容量が反比例に近い関係にあるのは何とも皮肉なことである．

　フラッシュメモリは，電源を切ってもデータが消えない不揮発性の半導体メモリである．素材は石や土の主成分のケイ素である．データ保存期間は公称値で 10～数十年であるが，消去や書き込みのたびに劣化する．ある日突然にアクセス不能になることもあり得る．インターネットをはじめとして，莫大な情報が飛び交っている．しかし，その情報を記録する媒体はいずれも脆弱である．デジタル情報の利便性から，それだけに頼りがちであるが，そのことは，未来から振り返ってみたとき，「文化の記録が無い時代」となってしまう危険をはらんでいる．

　アメリカの第 84 回アカデミー賞 (2011 年) で，富士フイルムが科学技術賞を受賞した．貴重なカラー映画作品を三原色に分解し，それぞれをモノクロフィルムに焼付けて長期保存を図る新しい技術が評価された．

第14章 光の発生

光化学反応で用いられる光源については第8章で述べた．第14章と第15章では，光の発生と利用について，より網羅的にとりまとめる．本章では，発光を熱発光とルミネッセンス（冷光）に分類し，それらの特徴をまとめる．熱発光は読んで字のごとく熱→光への変換である．多種多様のルミネッセンスのうち，本章では，光→光，放射線→光，力学→光，化学→光などを取り扱う（電気→光のルミネッセンスは次章で扱う）．下村 脩のノーベル化学賞の受賞対象となった GFP（緑色蛍光タンパク質）の光化学的応用が分子生物学の分野でいかに大切かについても解説する．

14.1 ●電磁波の発生

電磁波の名称については，図3.1 (p. 15) にすでに示した．SHF よりも波長の長い電波は，正負の電荷を持った双極子の振動で発生する．その振動数は，コイル L とコンデンサー C からなる LC 共振器の共振周波数で決まる．

電波よりも波長が短い光は，原子や分子のエネルギー準位間の遷移で発生する[†]．光の種類と対応するエネルギー準位は以下のとおりである．

マイクロ波	分子の回転や振動の準位
赤外線	分子の中の原子の振動や外殻電子の準位
可視光，紫外線	原子や分子の外殻電子の準位
X 線	原子の内殻電子の準位
γ 線	原子核の準位

電波と光の境界に位置するマイクロ波は，マグネトロンやクライストロンと呼ばれる真空管を用いて電荷分布の振動をつくり出すことでも発生する．X 線は特性 X 線と連続 X 線に分類できる．特性 X 線は上の分類に示す原子の内

[†] これらのエネルギー準位は量子力学に基づいて定められる．光は量子効果に支配されるもの，電波は古典力学で取り扱い得るものという分類も可能である．

殻電子への遷移で発生するのに対し，連続X線は，主として電子の制動放射によって発生する．制動放射というのは，荷電粒子が減速を受けるときに電磁波を放射する現象である．シンクロトロン放射光もある種の制動放射によって発生する．赤外線からX線に至る幅広い連続スペクトルの非常に強い光源が得られる．γ線は素粒子の対消滅などでも発生する．

発光，つまり，光の発生を現象論的に分類すると，次の2種になる．

① **熱発光**：灯火，太陽光，炎色反応，タングステンランプ，アークランプなど

② **ルミネッセンス**（冷光）：フォトルミネッセンス，カソードルミネッセンス，ケミルミネッセンス，エレクトロルミネッセンス，レーザーなど

14.2 熱発光

1900年，Planckは，**黒体放射**[†]のエネルギースペクトルを表す次の関係式を導いた．すなわち，波長λと$\lambda+d\lambda$の間にある放射エネルギー密度を$\rho_\lambda d\lambda$とすると，ρ_λは次式で与えられる．

$$\rho_\lambda = 8\pi hc/\lambda^5 \cdot 1/(\exp(ch/k_B\lambda T)-1)$$

ただし，hはPlanck定数，cは真空中の光速，k_BはBoltzmann定数，Tは絶対温度である．

それぞれの定数を代入して特定の温度に対する分光放射輝度分布を描いたものが図14.1である．常温（27℃，つまり300K）における発光の極大は10μm程度の赤外線領域にある．実際，人体からも赤外光の放射があることが，高感度の光電子増倍管を用いて測定されている．

炭が赤い光を放出しているときの温度は700〜800℃であり，1000Kの曲線付近の状態となる．およそ0.7〜50μmの発光に対応している．0.7μmは700nmであり，可視光の赤色光に相当する．金属（例えば鉄）を1700℃（〜2000K）付近まで加熱すると，可視光のすべての波長の光を放出して，白く輝

[†] すべての波長の放射光を反射することなく完全に吸収する仮想的な物体を黒体という．例えば，炭は黒体に近い物質である．

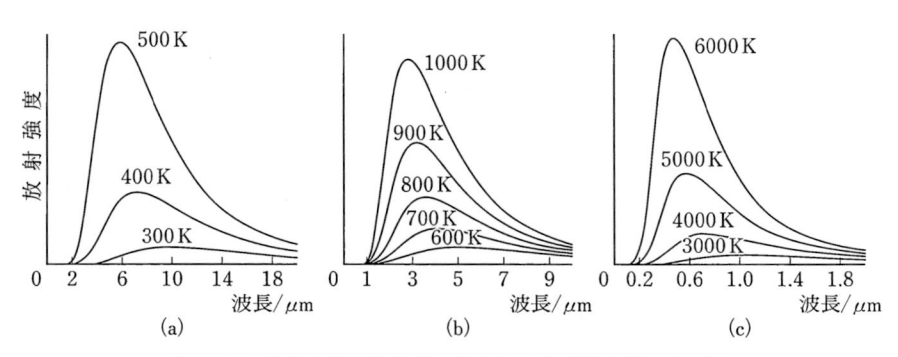

図14.1 黒体放射の理論式で算出した放射強度（任意尺度）

く．タングステンランプ，ハロゲンランプ，アーク灯，高圧水銀ランプ，キセノンアークランプなどからの発光も白色光に近い．

このように，物体から熱エネルギーが電磁波として放出される現象を，熱発光（熱放射，熱輻射，または，温度放射）という．

図14.1は，物質の表面温度の上昇と共に，放出される光の強度が最大となる波長が短波長側に移動することを示している．すなわち，この極大波長から，物質の表面温度を予測することができる．大気圏外での太陽光のスペクトル（図14.2）の極大波長は約 500 nm ($0.500\,\mu\mathrm{m}$) で，この値から求めた太陽の

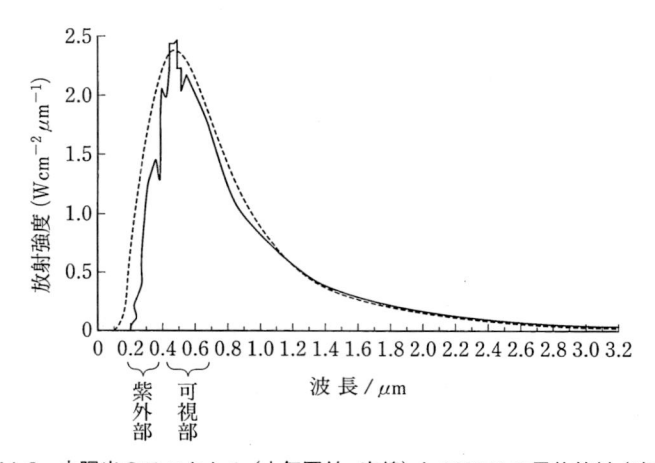

図14.2 太陽光のスペクトル（大気圏外，実線）と 5900 K の黒体放射（破線）

表面温度は約 5900 K となる．

　太陽のエネルギーを表す指標として，**太陽全放射量**（太陽全輻射量）S がある．太陽と地球を結ぶ線に直角な単位面積が単位時間に受ける放射の総量（大気圏外）として定義される．

$$S = 8.16 \, \text{J cm}^{-2} \, \text{min}^{-1}$$
$$= 1360 \, \text{W m}^{-2}$$
$$= 1.95 \, \text{cal cm}^{-2} \, \text{min}^{-1}$$

地表で受ける太陽エネルギーはその 70 % とすると，約 $1 \, \text{kW m}^{-2}$ ということになる．これは，赤道直下の条件の良い地方での値であるから，中緯度地方の日本では $0.6 \sim 0.7 \, \text{kW m}^{-2}$ 程度が最大値となる．太陽からの熱放射のエネルギーは，このように，きわめて大きく，地球上のすべての生物の生命を支える光合成（第 10 章，p. 155 〜）の源となっている．実験室における光化学反応も，初期においては太陽光で研究されている．例えば，p. 6，p. 48 および p. 107 に示したベンゾフェノンからベンズピナコールを生成する反応である．

14.3 フォトルミネッセンス

　物質が，光，陰極線，化学反応，電界，X 線，放射線などの刺激を受けて，そのエネルギーを吸収し，光として放出する現象のなかで，熱発光，Cherenkov 放射，Rayleigh 散乱などを除いたものをルミネッセンスという．蛍光やりん光がその主要なものであるため，冷光ということもある．ルミネッセンスの代表例は，**フォトルミネッセンス**である．

　フォトルミネッセンス（photoluminescence，PL）とは，**蛍光やりん光**などのように，物質が光による刺激で発光する現象である．その原理となる発光過程については，3.6 節 (1)（p. 30 〜）に記した．すでに述べたように，蛍光スペクトルの極大値は，吸収スペクトルの極大値よりも低エネルギー（長波長）側に現れるのが普通である（p. 32）．光吸収による励起エネルギーの一部を熱エネルギーなどの形で非放射的に失うためである．照射光と発光のエネルギー差を，**Stokes シフト**という．次章で述べる色素レーザーは，Stokes シフトが

大きいほど自己吸収が少なく，レーザー発振に有利である．

仮想的な二原子分子において光吸収と発光（蛍光）がどのように起るかを，模式的に図 3.8 (p.27) に示した．基底状態と励起状態における最も安定な原子間距離は，それぞれのポテンシャルエネルギー曲線の極小を与える距離 r_1, r_2 で示されている．多くの場合，$r_1 < r_2$ である v または $v' = 0, 1, 2, \cdots$ で示される水平線は振動準位，それらの間の短い水平線は回転の準位を表している．多原子系ではこのような振動や回転の準位が光吸収や発光に関連するために，吸収スペクトルや発光スペクトルが幅広いものとなる（図の (b) と (c)）．

光子1個がある分子に吸収された後に，蛍光として何個の光子が放出されるかの比率を，蛍光の量子収量という．フルオレセインの Na 塩やローダミン B は，蛍光量子収量が 0.93～0.97 と大きい．前者は蛍光指示薬としてハロゲン化物イオンの定量に用いられる．後者は，色素レーザー用蛍光物質の代表的な基本骨格の一つである．

フルオレセイン（Na 塩）　　　　　　ローダミン B

古くから実用化された蛍光色素として，**蛍光増白剤**がある．紙や繊維の「黄ばみ」は，白色光のすべての波長領域を反射せず，400～450 nm 付近に光吸収を持つことに由来する．蛍光増白剤は太陽光や蛍光灯の光に含まれる 300～400 nm の近紫外光を吸収して，400～450 nm の蛍光を発生する．「黄ばみ」の吸収分を蛍光による光で補うので，輝くような白色の感覚を与えることが可能である．

14.4 カソードルミネッセンス

物質に陰極線 (cathode-ray)，つまり，電子線を照射したときに生じる光．カラーテレビの主要な表示方式であったブラウン管は，電子線があたると R,

G, Bのそれぞれの色光に変換される蛍光体を用いてフルカラーの映像を実現する装置である．光化学反応で用いられる低圧水銀ランプ (p. 131, 132) や蛍光灯などでは，真空放電によって生じた電子線が管内の気体を励起してルミネッセンス光としての紫外光を発生する．蛍光灯では，管壁の蛍光物質により，フォトルミネッセンスを生じて可視光に変換される．現在では，R, G, Bのそれぞれを主波長とする三種の蛍光物質を用いる三波長型蛍光灯が主流である．

14.5 ラジオルミネッセンス

放射線によるルミネッセンス．荷電粒子の他，γ線，中性子線などの放射線の検出に用いる．この種の発光現象を**シンチレーション**といい，目視の他，光電子増倍管やフォトダイオードで電気信号に変換して測定する．例えば，福島第一原発事故 (2011 年) に関連して，NaI シンチレーション検出器 (γ線スペクトロメーター) が，農産物などに含まれる ^{137}Cs や ^{134}Cs の簡易検査に用いられた．

14.6 熱ルミネッセンス

X 線，γ線などの放射線を照射した後に加熱すると，照射線量に比例したルミネッセンスを発生する蛍光物質がある．これを利用した線量計を TLD (thermoluminescence dosimeter) という．

14.7 摩擦ルミネッセンス (triboluminescence)

水晶などが互いに摩擦されるときに起こる発光．金属をグラインダーで削るときの火花は，これとは異なり，熱発光の機構で発生する．

14.8 ケミルミネッセンスとバイオルミネッセンス

生物が示す発光現象を，バイオルミネッセンスまたは**生物発光**という．化学反応により分子のなかの電子がエネルギーを得て励起状態となり，発光して基底状態に戻る現象をケミルミネッセンスまたは**化学発光**という．生物発光はこ

表14.1 生物発光と化学発光の量子収量

	生物または化合物	量子収量
生物発光	発光バクテリア	0.12〜0.17
	ウミホタル	0.28
	ウミシイタケ	0.05
	ホタル	0.88
	オワンクラゲ	0.23
化学発光	ルミノール	0.036
	シュウ酸誘導体	0.02〜0.34
	そのほかの大部分のもの	10^{-8} 程度

の意味で広義の化学発光である.しかし,生物発光と人工的な化学発光とは,以下の諸点で異なっており,分けて取り扱われることが多い.

① 生物発光は化学発光に比べて発光の量子収量が高い.

② 生物発光では,偏光を発生するものが知られている.

③ 生物発光は,再生可能な発光系であるものが多い.

生物発光と化学発光の量子収量の比較を表14.1に示す.ホタルの発光の量子収量は表では0.88となっているが,測定が複雑で誤差が大きいため,ほとんど1に近いのではないかという考察もある.ホタルの発光機構は,ルシフェリン-ルシフェラーゼ反応である.ホタルには多くの種があるが,**ルシフェリン**はすべてに共通で,図の構造式を持つ.

$$\text{ホタルルシフェリン} \xrightarrow[\text{ATP, Mg}^{2+}]{\text{ルシフェラーゼ}} \begin{cases} \text{ジアニオン励起状態} \Longrightarrow \text{緑色発光} \\ \text{モノアニオン励起状態} \Longrightarrow \text{赤色発光} \end{cases}$$

ホタルは種によって,緑,赤,黄などのいろいろな発光をする.発光のもとになる物質であるルシフェリンが同一であるのに発光色が異なる理由は,これらを酸化して励起状態に導く酵素である**ルシフェラーゼ**の違いによる.ルシフェラーゼは,アデノシン三リン酸(ATP)とMg^{2+}の存在下に,ホタルルシフェリンをそのジアニオンまたはモノアニオンの励起状態に導くが,前者は緑色の発光,後者は赤色の発光を与え,両方の機構が同時に働けば黄色発光となる.

ウミホタル,ウミシイタケ,発光バクテリアも,ルシフェリン-ルシフェラーゼ反応を示すが,ルシフェリンやルシフェラーゼの構造式はそれぞれの系で異なっている.

オワンクラゲはルシフェリン-ルシフェラーゼ反応を示さない.1961年,下村 脩は,オワンクラゲから抽出した発光物質を精製して,純粋な化学発光タンパク質を単離することに成功し,**イクオリン**と命名した.イクオリンは,ルシフェラーゼなどの酸化酵素も,O_2などの酸化剤も必要とせず,Ca^{2+}の存在によって発光する.このときの発光色は,オワンクラゲの発光色である緑色ではなく,青色であった.これは,イクオリンが下図 A の過程で**青色蛍光タンパク質 BFP**(blue fluorescent protein)の励起一重項 BFP*(S_1)を生じ,基底状態の BFP(S_0)に落ち着く過程 B と理解される.下村は,イクオリンをクロマトグラフィーで精製する際に,後に **GFP**(**緑色蛍光タンパク質**;green fluorescent protein)と呼ばれるようになった成分を見出した.そして,イクオリンおよび GFP の発色団の化学構造をそれぞれ 1973 年,および 1979 年に解明し,オワンクラゲの緑色発光は,BFP*(S_1)から GFP(S_0)へのエネルギー移動(過程 C)によって生成する GFP*(S_1)が GFP(S_0)に戻る過程(図の D)であることをつきとめた.

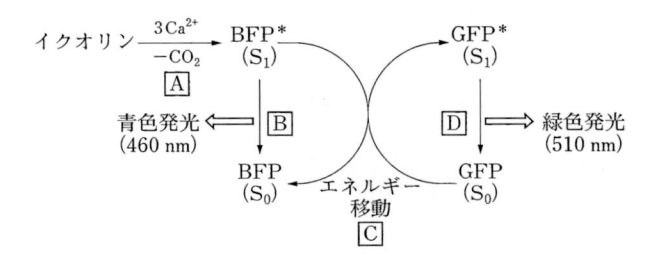

$$\text{イクオリン} \xrightarrow[-CO_2]{3Ca^{2+}} \begin{array}{c} BFP^* \\ (S_1) \end{array} \qquad \begin{array}{c} GFP^* \\ (S_1) \end{array}$$

A

青色発光 ⇐ B   D ⇒ 緑色発光
(460 nm)   (510 nm)

BFP   エネルギー   GFP
(S_0) 移動   (S_0)
         C

ルミノールの化学発光では,その酸化過程で生成する 2-アミノフタル酸ジアニオンの励起状態から発光が起る.つまり,ルミノールから化学反応で生成する誘導体そのものが発光体となる.一方,シュウ酸誘導体の場合は,その酸化反応の過程で生成する 1,2-ジオキセタン類が,共存する蛍光物質を励起状態に導いて発光することが明らかにされている.この場合,シュウ酸誘導体が

化学発光の主役である．蛍光物質は主役から励起エネルギーを得て，フォトルミネッセンスと同じ発光を示すだけなので，脇役といえる．

　下村は，オワンクラゲの生物発光において，イクオリンが主役であり，GFPは副産物，つまり，脇役にすぎないと考えた．生物発光を研究する学者として，至極当然の位置づけであった．2008年，下村はノーベル化学賞を受賞した．しかし，賞の対象はイクオリンではなく，GFPであった．GFPは，蛍光プローブとして分子生物学の分野で利用され，蛍光イメージングという新しいジャンルを発展させたのである．

14.9 蛍光プローブ

　プローブというのは，細部を非破壊的に観測する道具や物質などのことである．化学の分野では，光や標識分子などを測定対象と相互作用させ，その応答を情報として取り出す方法を指す．指示薬（indicator）のことをプローブ色素（probe dyes）と呼ぶことがある．光吸収や発光のスペクトル変化（色変化）によって，溶液のpH，イオンの存在，酸化還元系，溶媒極性などの様々な情報を，反応系に影響を及ぼすことなく指示することができる．蛍光測定が可能な置換基や分子などを系内に導入し，その測定結果から分子レベルの情報を得る手法を，**蛍光プローブ**（fluorescent probe）法という．DNAプローブは，10〜20個程度の塩基配列既知の一本鎖DNAを，^{32}P（または蛍光色素）で標識したものである．種々のDNAプローブを用いると，配列未知のDNAの塩基配列を決定することができる．約30億塩基対もの塩基配列からなるヒトゲノムは，2003年に完全解読された．

　DNAプローブを用いる塩基配列の決定は *in vitro*（生体外）でなされる．GFPをプローブとする実験は，*in vivo*（生体内）でなされ，生きている細胞内で蛍光をつくり出すことができる．1992年，PrasherはGFP遺伝子の塩基配列を決定した．Chalfieは，この遺伝子を増幅し，大腸菌に組み込んでGFP遺伝子を発現することに成功した．つづいて，線虫（959個の細胞を持つ体長約1 mmの生物）の神経細胞でGFP遺伝子を発現させることができた（1994

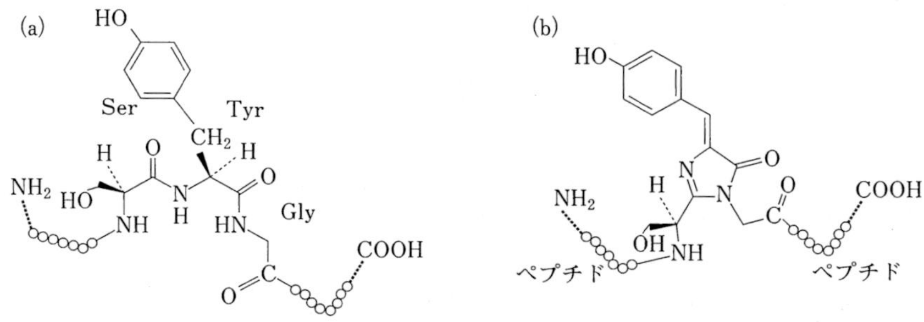

14.9 蛍光プローブ

図 14.3 Ser, Tyr, Gly 由来のペプチド鎖 (a) は, 酸化されて, 蛍光発色団 (b) になる

年). 特定のタンパク質の遺伝子に GFP の遺伝子をつなげると, 生体内でタンパク質がつくられる時期や移動のありさまが観察できる. このように蛍光をタグ (追跡できるように組み込んだ標識) として利用する方法の他, 細胞内でカルシウムイオンを検出するなど, センサーとしての利用法も開発された.

GFP は 238 個のアミノ酸が 11 回の β-シート構造をつくり, バレル (樽) 形の環状構造を形成している. 65～67 番目のアミノ酸は, セリン (Ser), チロシン (Tyr), グリシン (Gly) で, この環状構造の中心に位置している (図 14.3(a)). GFP 遺伝子には, Ser, Tyr, Gly からなる部分を図 (b) のように酸化して蛍光発色団とする働きがある. このメカニズムを解明したのが Tsien である. Chalfie と Tsien は, 下村と共にノーベル賞を受賞している. 図 (b) に示した蛍光を生み出す"構造"が, タンパク質の中に組み込まれたものであることが重要である. それは, 上述したような遺伝子操作で特定のタンパク質に組み込めることを意味する. いろいろなタンパク質に組み込まれた GFP は, 生体内に入ってその居場所を光って示すことによって, 特定の細胞やタンパク質の挙動を追跡する手段として大活躍することとなった. より安定で, 蛍光効率が高く, また, 様々な色に輝く蛍光タンパク質も開発され, 使われている.

超音波や核磁気共鳴を用いた生体などの透視を, イメージングと呼ぶ. 蛍光プローブ法を, これらになぞらえて**蛍光イメージング法**と呼ぶことがある. そこには, 時間軸や空間軸を含めた分析手法であるという意味合いが込められている.

第15章 発光と表示

　発光の主役がLED（発光ダイオード）とレーザーに移行しつつある．本章では，電気→光のエネルギー変換を主体とするこれら二つの光技術を，照明や表示装置における他の技術との比較のもとに解説する．光通信をはじめとする現代の光技術の要（かなめ）ともいえるレーザーについては，光→光，化学→光の原理に基づく発光も含めて取り扱う．

15.1 照 明

　照明とは，光で照らして明るくすることであり，その基本は自然光（太陽光）である．人工的な照明には，以下の変遷がある．

① 灯火　　　　古代から
② 電灯　　　　1879年から
③ 蛍光灯　　　1938年から
④ LED（発光ダイオード）　1996年頃から

　原始時代の竪穴住居には，炉火（ろか）（いろりの火）があり，炊事，暖房，照明に使われた．松明（たいまつ）は，これを屋外の照明にする工夫であった．単に竹や葦などを束ねたものが，松脂（まつやに）などの樹脂を樹皮にしみ込ませたものへと変遷した．後者は，ろうそくやランプの原型と見ることもできる．電灯の起源は1808年に発明されたアーク灯とされるが，まぶしさ（glare）と炭素蒸気の飛散などのために街路灯などの用途に限定された．1879年にEdisonが発明した白熱電球は，フィラメントが撚り糸や竹の炭化物からタングステンに変わり，希ガスを封入するなどして寿命を高め，電灯として長い間使われた．しかし，その基本は灯火と同じ熱発光であるため，大部分のエネルギーが熱として放出される．現在では，電球の製造は減少または中止の傾向にある．1938年頃から実用化され

15.1 照明

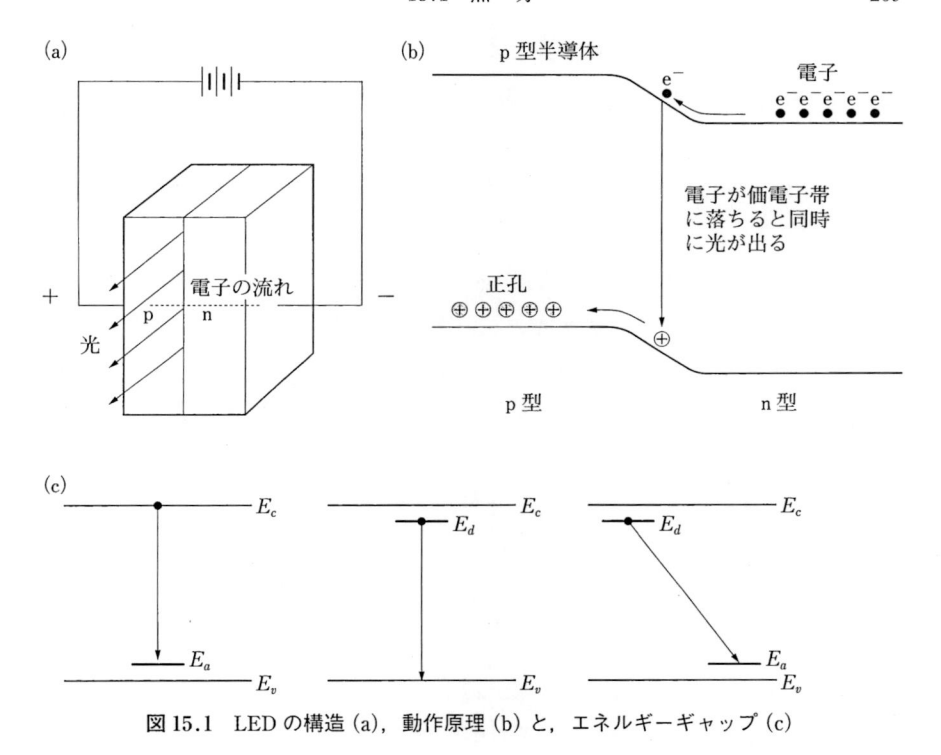

図15.1 LEDの構造(a), 動作原理(b)と, エネルギーギャップ(c)

た蛍光ランプには, 同じようなタングステンフィラメントがあるが, 陰極から出る熱電子を利用したカソードルミネッセンスであるために効率や寿命が電球の5～7倍程度と高く, 照明の主流となった. **発光ダイオード** (LED：light emitting diode) はエレクトロルミネッセンスの一種で, 蛍光ランプと比べて高出力での発光効率の改善はわずかだが, 寿命は2倍以上と長く, 白色発光も1996年頃から実用化段階に入った. 照明としての利用は, 発光効率が高い小電力の常夜灯, 誘導灯, 懐中電灯, 自転車のランプなどから始まり, その用途を広げている.

LEDは, p-n接合型順方向半導体ダイオード(第12章コラム参照)で, **図15.1 (a)** の構造を持っている. 順方向のバイアス(一定の電圧)をかけることにより, 価電子帯の電子が伝導帯に昇位し, 価電子帯に正孔ができる. この電子が**図(b)** のようにp-n接合部で正孔と再結合し, 光を放出する. LEDは不

純物半導体で作製されることが多いので，その場合の発光波長（すなわち，発光色）はエネルギーギャップよりも狭いエネルギー，つまり長波長にシフトする（図 (c)）．

　LED の製品が初めて登場したのは 1962 年と古いが，青色発光のものがなかった．1993 年，青色の LED がようやく開発され，R, G, B の三原色が一応そろったが，緑色発光体のピーク波長はやや黄色に近く，黄緑色に近いという欠点があった．1995 年頃，この欠点のない明るい純緑色に近い LED が見出された．LED の発光は自然放出なので，半導体レーザーのような単色光ではないが，発光スペクトルの幅は狭く，鮮やかな色の光を与える．このため，R, G, B それぞれの LED を用いると，フルカラーの色再現性にすぐれた表示装置が作製できる．この特徴を生かし，大型映像表示装置や，カラー電光掲示板などが開発されている．液晶ディスプレイのバックライトとしても有用である．

　R, G, B のすべての LED を点灯すれば白色の知覚を与えるが，この光は照明としては適さない．Y（黄）や C（シアン）の色光を含む割合が小さいために，これらの色の物体から反射される光が弱くなり，正しい色を知覚させることができない．照明に用いる光の分光分布が異なると，物体の色が異なって見える性質を，光源の**演色性**という．照明用の白色 LED は 1996 年頃から登場している．これは，青色 LED の発光波長を蛍光体にあて，フォトルミネッセンスで発生する長波長光を混合して擬似的な白色光を得るものである．演色性を表す平均演色評価数 Ra は，当初は一般型蛍光灯の値に近い 70 程度であったが，最近では蛍光体の改良などにより，$Ra = 85$（三波長型蛍光灯の値）程度のものも出てきている．一方，紫外光を発光する LED も開発され，従来の三波長型蛍光灯の蛍光体を流用するなどの工夫もある．ただ，演色性は容易に改善されるが Stokes シフト分のエネルギー損失（つまり，発光効率の低下）を伴う．このように，LED を照明に利用することに関しては現状では発展途上の要素が多いが，早晩解決されるものと考えられる．

　LED は，単色で高輝度であることを利用して，交通信号や自動車のブレーキライトにも使われる．LED はスイッチの ON，OFF と同時に点灯や消灯が

起るので，自動車の高速走行時での安全性に寄与できる．

15.2 ● 表 示 装 置

表示装置として，LED については前節，ブラウン管については 14.4 節（p. 202），またホログラムを用いた立体視については 13.3 節で取り扱った．本節では以下の三項について記述する．

① PDP (plasma display panel)
② 液晶ディスプレイ (liquid crystal display)
③ 有機 EL〔OLED (organic LED) ともいう〕

これらのうち，①と③は自発光，②はバックライトの発光を利用した表示装置である．

プラズマディスプレイパネル（PDP）は，**図 15.2** のように，x 方向と y 方向に伸びたマトリックス電極の各交点に希ガスを充填した小さい空間が並び，その内側に R, G, B それぞれの蛍光体が塗布された構造を持っている．各々の空間で希ガスの放電が起こると紫外線が発生し，蛍光体に照射されて 1 画素単位で R, G, B の発光を与える．発光原理は，紫外線の発生がプラズマ放電か熱電子かの違いを除けば，蛍光ランプとまったく同様である．PDP はこのように構造が簡単であるため，大画面表示装置として一時期，市販された．

液晶表示装置にはいろいろなタイプがあるが，ねじれネマチック（twisted nematic）液晶を用いるものが主流である．液晶は棒状の分子である．棒状分子は互いに寄り添って並ぶ性質があり，**図 15.3**(a) のような並び方をするも

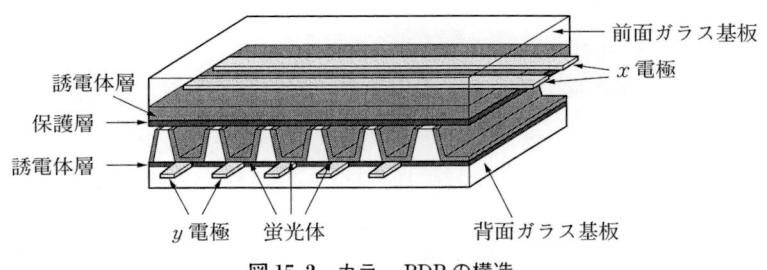

図 15.2　カラー PDP の構造

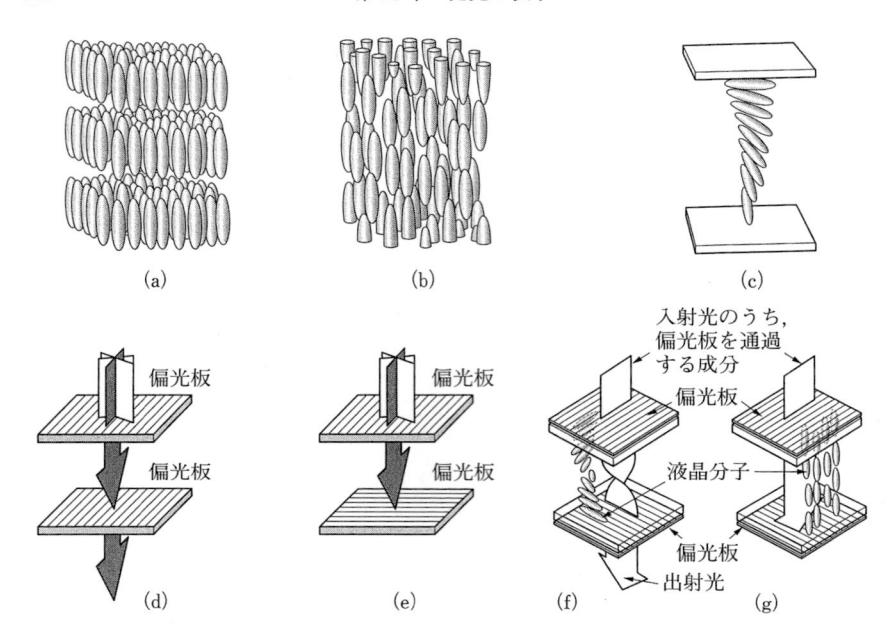

図 15.3 液晶の種類と表示システム
(a) スメクチック液晶；(b) ネマチック液晶；(c) 2枚のガラス板にはさまれた ねじれネマチック（TN）液晶の一列；(d) 2枚の偏光板の向きがそろったときの直線偏光の通過；(e) 2枚の偏光板が 90° の角をなすとき（不通過）；(f) TN液晶による偏光の通過；(g) 電圧をかけたとき（不通過）

のをスメクチック液晶，図 (b) のように並ぶ性質を持つものをネマチック液晶という．ガラス板上に，一方向に整列させたネマチック液晶を2組つくり，互いに 90° ねじって液晶面を合せて貼りつけると，液晶分子は2枚のガラス板の間でねじれながら 90° 向きを変える（図 (c)）．これが**ねじれネマチック液晶**である．

　光は電磁波で，その振動の向きは自然光も人工光もいろいろな方向のものが混ざっている．偏光板を使うと，その中の一定の方向に偏った光（直線偏光）を取り出すことができる．もう一つの偏光板をこの光と同じ向きに配置すると，この偏光は通過する（図 (d)）．しかし，二つ目の偏光板を 90° 回転させて配置すると，光は通過しない（図 (e)）．ところが，これら2枚の偏光板の間に先ほどのねじれネマチック液晶を挿入すると，液晶のねじれに沿って偏光面が

90°回転し，光が通過するようになる（**図 (f)**）．このとき，ねじれネマチック液晶の一つ一つの棒状の分子は，すべてガラス面に平行に位置している．

液晶表示装置では，各々の画素ごとに二つのガラス面それぞれの片側に電極がついている．ここに十分な電圧をかけると，ねじれネマチック液晶はすべてガラス面と垂直な方向に向きを変える（**図 (g)**）．このとき，液晶には偏光面を回転する能力はなくなるため，図 (e) と同じことになり，光は遮断される．入射光としては，平板状の蛍光ランプまたは3色LEDが用いられる．これをバックライトという．バックライトは常時点灯している．表面のガラス板には各画素に R, G, B のフィルターがかけられ，印加電圧を調節して液晶を通過する光量がきめられる．

液晶表示装置は PDP よりも消費電力が少なく，現在は，表示装置の主流となっている．

有機エレクトロルミネッセンス（有機 EL）という呼び名は，日本では定着しているが，諸外国では OLED (organic light emitting diode) と呼ばれるのが一般的である．有機 EL も，LED も，正孔（ホール）と電子の再結合のエネルギーを物質が受け取って発光する現象であるから，これらの発光原理は同一とみなせるためである．有機の蛍光物質の場合，この再結合のエネルギーは，通常のフォトルミネッセンスと同じ発光スペクトルを与える．3.6節で述べたように，光による励起では，基底一重項状態からは，励起一重項状態が生成する．励起三重項状態の方が安定であるが，異なる多重度間の遷移は禁制であるためである．しかし，上記の再結合エネルギーでできる励起状態は，理論上，一重項と三重項の比が 1:3 になる．三重項状態は3個の状態が縮重しているので，一重項の3倍生成する．

素子から発生する光子数を電流から算出した電子数で割り算して得た数値を外部量子効率という．素子内部で発生した光を外部に取り出せる効率は 0.2 程度である．他のいくつかの減衰要因がない理想的な場合の外部量子効率の理論値は，一重項からの発光（蛍光）のみを利用する場合で 0.05，三重項からの発光（りん光）も利用する場合で 0.2 ということになる．発光材料としては，ク

マリン，ルブレン等の低分子化合物の他，高分子材料も用いられる．金属錯体は外部量子効率の高い素子を作製しうるものが多い．図の Alq₃ 〔tris (8-quinolinalato-κN^1, κO^8) aluminium〕は蛍光利用，Ir(ppy)₃〔tris[2-(2-pyridinyl-κN) phenyl-κC]-iridium〕はりん光利用の代表的な発光材料である．後者ではイリジウムの重原子効果により，一重項から三重項への項間交差が効率よく起り，また，本来は禁制であるりん光発光も常温で起る．

Alq₃   Ir(ppy)₃

有機 EL ディスプレイは発光部の厚さが 1 μm 以下と薄い．液晶ディスプレイは液晶による制御部だけで約 5 μm の厚さを持つため，視野角が狭いが，EL ではそれがない．また，応答が液晶にくらべて速やかである．素子構造が液量より単純で薄型化，軽量化もはかれ，プラスチックの下敷きのようなフレキシブルなディスプレイも作製できる．

15.3 ● レーザー

レーザー光の発生（レーザー発振）のための必要条件は，3.6 節 (p. 32) で述べた以下の 2 項である．

① 多量の励起種
② 共振による光の増幅

励起種を作るには，光，電気，化学エネルギーなどが使われる．レーザー光は，エネルギーの高い準位（レーザー上準位）の状態が低い準位（レーザー下準位）に落ちるときの発光である．レーザー発振が起るために多量の励起種が

必要であるということの意味は，レーザー上準位にある状態の数が，下準位の状態の数より多くなければならないということである．熱平衡状態では，状態の分布は Boltzmann 分布に従うので，上準位の状態の方が数が少ない．レーザー発振の条件 ① は，このような通常の状態とは逆の状態 —これを**反転分布**という— をつくり出すことを意味している．

二番目の条件は，**光共振器**を使って達成される．光共振器は二枚の反射鏡でできている．発生したレーザー光が鏡の間を何回も往復するときに誘導放出によって増幅され，一方の鏡に開けた小穴から取り出されて発振に至る．誘導放出によって発生する光子のエネルギー（つまり，波長）と位相[†] は，誘導光と同じである．このように，位相がそろった波は干渉性（コヒーレンス）を持つため，コヒーレンス光と呼ばれる．レーザー光のこのような特性は，ホログラフィー（13.3 節），光通信（13.4 節），光ディスク（13.2 節）をはじめ，基礎科学における高感度計測や分析化学，化学反応の解析（第 9 章），レーザー加工，レーザー治療など幅広い分野に応用されている．以下に，レーザーの種類と特徴を簡単にまとめる．

初めてレーザー発振に成功したのはルビーを使った**固体レーザー**である（1960 年）．ルビーは Cr^{3+} を $0.01 \sim 3$ モル % 含む酸化アルミニウム（Al_2O_3）の結晶である．ルビーレーザーは Cr^{3+} の発光を利用する 3 準位レーザーで，レーザー下準位が基底状態（S_0）である（図 15.4 (a)）．レーザー光の波長は図の太い下向きの矢印に相当する 694.3（または 692.7）nm である．S_0 の Cr^{3+} がこの光を吸収するので，ほとんどすべての S_0 を励起状態にする位の強い光で励起しないと発振しない．したがって，発熱で失われるエネルギーが大きく，その効率は $0.1 \sim 1$ % と小さい．

イットリウムアルミニウムガーネット（$3Y_2O_3 \cdot 5Al_2O_3$；YAG（ヤグ））に Nd^{3+} を約 1 モル % 含む Nd-YAG は，4 準位の固体レーザー（図 (b)）である．レーザー下準位にある電子が速やかに基底状態に遷移するために，励起種

[†] 本書 3.3 節（p.21）にも「位相」という語句が用いられている．意味が異なるので注意を要する．

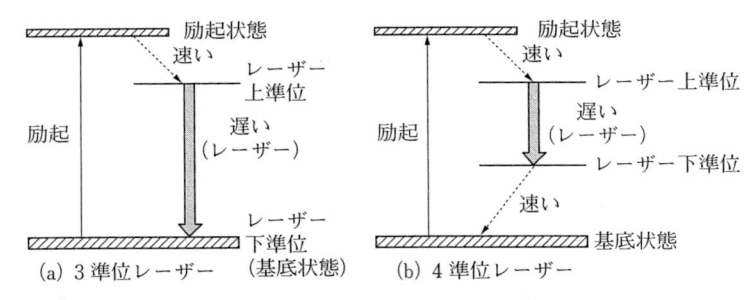

図15.4 3準位レーザー (a) と4準位レーザー (b)
無放射遷移は電子遷移に比べて速い過程である.

がルビーの場合のように数多く存在しなくとも反転分布をつくることができる．効率も高く，10%程度のものも作製できるため，固体レーザーの標準的なものとなっている．発光波長は1064 nmであるが，ニオブ酸リチウム($LiNbO_3$) などの単結晶を通すと，532 nmの緑色光（二倍波）や，355 nmの紫外光（三倍波）に変換できる．このような結晶を，**非線形光学** (nonlinear optics) 結晶という．

　液体レーザーの代表である色素レーザーでは，ローダミンB (p. 202) のような有機蛍光色素を光で励起して発振させる．このような有機分子における光の吸収と発光は，図3.8に準じて考えればよいので，4準位レーザーであることが理解される．すなわち，図3.8では，光吸収は基底状態の$v=0$(S_0)から励起状態の$v'=2$への遷移が最も確率が高い．$v'=2$の状態はKasha則 (p. 35) に従い，速やかにレーザー上準位の$v'=0$(S_1)に無放射遷移する．レーザー上準位の寿命は数ns程度でそれほど長くはないが，下準位から$v=0$のS_0への遷移は無放射遷移でより速やかな過程であり，下準位の寿命は短い．レーザーの特徴は，単色光に近い光源であることであるが，色素の発光は幅広い帯スペクトルで，Stokesシフトも大きいものが多いため，波長可変のレーザーが実現できる．ローダミンBにおける同調域は，吸収と発光が重なる部分を除く591〜654 nmである．蛍光色素にはいろいろなものがあり，20種ほどの色素を使用すると，308 nmから1.4 μmの波長域がカバーできる．連続発振

とパルス発振のいずれも可能で，特に短いパルス幅の発振に適していることも色素レーザーの特徴である．

これまでに述べた固体のレーザーは，導電性がないために電気的な励起ができない．**気体レーザー**は，高速放電による電子衝突，半導体レーザーはキャリア（電子と正孔）の注入等で励起できる．

気体レーザーのうち，エキシマーレーザーは，下準位の基底状態で安定な分子をつくらない．このため，反転分布が容易に実現でき，光共振器もごく簡単なもので比較的高い効率での発振が実現できる．XeCl*，KrF*，ArF*エキシマーの発振波長は308，248，または193 nmの紫外光である．短波長のレーザーは，半導体集積回路を作製する光源として有用である．CO_2 レーザーは，二酸化炭素の振動スペクトルに基づく $10\,\mu m$ 付近の赤外光レーザーである．効率が50%近いものもあり，高い出力が得られるので鉄板の切断や溶接などのレーザー加工に利用される．実際には N_2 と He を混合して用い，励起には N_2，レーザー下準位から基底状態に戻るときに He の作用を利用して効率を向上させている．

フッ化水素（HF）レーザーは**化学レーザー**で，HF*の振動励起状態から2.6〜3.0 μm の赤外光を発振する．HF*は H_2 と F_2 から連鎖反応で生成するので反転分布が達成しやすく，大出力のレーザーが可能である．

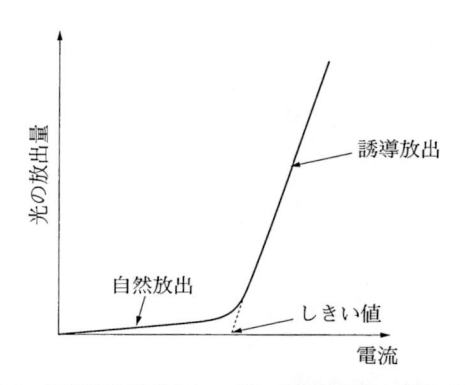

図15.5 理想的な半導体レーザーの光放出量と電流の関係

半導体レーザーの電流と光出力の関係を図 15.5 に示す．電流値が低いところでは自然放出で，これは発光ダイオードに相当する．ある臨界値（しきい値）を超えると，誘導放出が始まり，レーザー発振に至る．光共振器の側面の屈折率を変える蒸着法をとることにより，光がストライプ状の部分に閉じ込められ，効率を上げることができる．30 % 以上の高い効率で駆動できる半導体レーザー素子もある．また，小型であること，電流によってレーザー出力を直接変えられること，波長可変のものが作製できるなど，多くの特徴を持っている．

▷▷コラム ・・ ✦ ○ ◇ ✦ ◇ ✦ ◇ ◆

励起状態の計算

　量子化学によって有機化合物の電子吸収スペクトル（紫外可視スペクトル）を計算しようという試みは，初期には自由電子模型や Hückel 分子軌道法によってなされたが定性的であった．1953 年，Pople は，π 共役系に適用可能な定量的な方法を発表した．同年，Pariser と Parr も同様な手法を報告したので，PPP 分子軌道法と呼ばれている．1957 年に発表された西本・又賀による積分の見積り法は，PPP 法による光吸収予測の有効性を向上させ，その後，長い間実用的な手法として定着する足掛りとなった．1965 年頃，Pople は，PPP 法を全ての価電子に拡張した CNDO 法や INDO 法（complete または intermediate neglect of differential overlap 法）を発表した．これらは，基本的に，基底状態の安定化エネルギーを計算するものであったが，Jaffé や Zerner によって改良され，スペクトル予測に適した CNDO/S や INDO/S が発表された．Hückel 法では計算過程で出てくる積分値をすべて実験値（経験値）で見積るので，経験的方法と呼ばれる．PPP，CNDO，INDO の諸法では，積分の一部を計算で求め，残りを実験値で見積るので，半経験的方法という．全電子を考慮し，全ての積分を理論計算で求める非経験的分子軌道法は，当初は基底関数として Slater 軌道と呼ばれる原子軌道の近似波動関数を用いていたため精度が出なかった．Pople は，基底関数として Gauss 関数を組み合せたものを用いると計算精度が向上するという考えから，1970 年に Gaussian と呼ばれる非経験的分子軌道法を発表した．Gaussian はその後何回か改良が行われ，基底状態の計算法として最も信頼できる方法となっている．基底状態の計算結果を用いて励起状態をとり扱うには，1 電子, 2 電子,

3電子，…などの種々の励起電子配置を考慮したCI（configuration interaction；配置間相互作用）の計算を行う．しかし機能分子の計算においては，計算規模が大きくなりすぎて現実的とはいえなくなるという問題があった．

1964年にKohnらが発表した密度汎関数理論（DFT；density functional theory）は，電子密度から系のエネルギーなどの諸量が求められるとする理論である．この理論に基づく電子状態の計算法をDFT法という．この方法で励起エネルギーを扱う手法がTDDFT（time dependent DFT）法である．

PopleとKohnの上記のような量子化学理論の構築と応用に関する業績に対して，1998年，ノーベル化学賞が授与された．

中辻博は，上述のCI法を効率良く，しかも信頼度を高く行うSAC-CI（symmetry adapted-cluster展開CI）法を開発した．分子の励起状態が高い精度で計算できるため，吸収や発光スペクトルの計算，光増感剤，OLED，蛍光プローブ等への応用が可能である．

DFT，TDDFT，SAC-CIなどの諸法は，Gaussianの計算パッケージに含めて配布されている．

第16章　光化学の位置づけと放射線化学・電気化学

　化学にはいろいろな分野がある．無機化学，有機化学，物理化学，分析化学，量子化学，高分子化学など，大学での化学の科目名も相当な数になる．これら"…化学"は，一つの基準で分類されているわけではなく，化学に対するアプローチの違いによる多様な視点からの区分けであることがわかる．有機化学，無機化学は物質による分類だし，物理化学，量子化学は研究方法，分析化学，合成化学は化学の利用目的に応じた区分けである．

　それでは，光化学は化学の中でどのように位置づけられるであろうか？　光化学は，反応を起す手段として光を用いるものを対象とする化学である．反応を起す光以外の手段としては，熱，触媒，電気などがある．光の特性を生かして，光でなければできない"仕事"をさせるためには，他の反応手段と光との違いを明確に把握していなければならない．

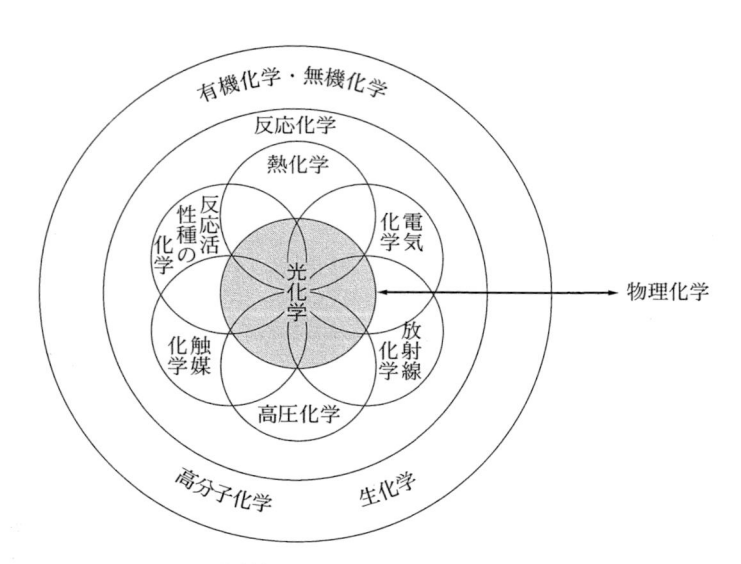

図 16.1　化学各分野の中での光化学の位置づけ

16.1 放射線化学反応

光反応と近隣関係にあり対比されるもので最も重要なものは熱反応（触媒反応）であろうが，反応を起すエネルギーから見て反対隣にある**放射線化学反応**は，光反応と相補的に利用されることがあるので簡単に解説しておこう．

放射線反応は X 線あるいはそれより波長の短い γ 線によってひき起される反応である．高速の電子（β 線）や高速のイオン（He^{2+} なら α 線）による反応も後述のように同種の反応になる．

X 線，γ 線は光子 1 個が千〜百万 eV のエネルギーを持ち，可視光の数 eV にくらべて何千，何万倍になる．このような光子が分子にあたると，電子をたたき出して陽イオンと遊離の電子を作り出す．放射線は一部のエネルギーを失うもののさらに飛びつづけ，同じことをくり返す．一方，たたき出された高速の電子はまた分子と衝突し，ここでも電子をたたき出し，陽イオンを作り出す．このようにして，X 線，γ 線は 1 個の光子で何千，何万もの電子と陽イオンを作り出すことになる．高速の電子（これは電子を高電圧で加速することによって得られ，電子線加工技術の基本技術である）も沢山の電子と陽イオンとを作り出すことは容易に理解していただけるだろう（**図 16.2**）．

さて，このようにして生じる電子や陽イオンは活性で，いろいろな反応を起

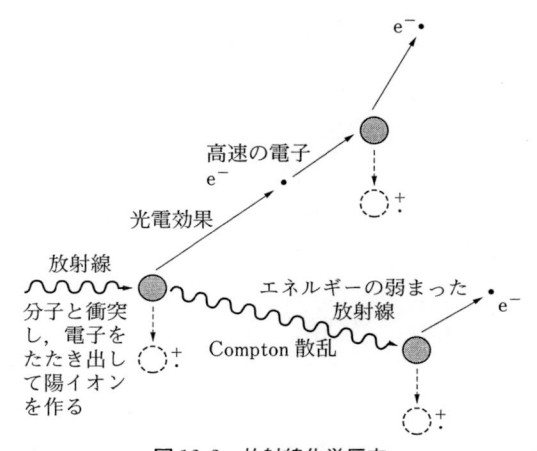

図 16.2 放射線化学反応

すことができる．まず第一に指摘しておかなければいけないことは，陽イオンといっているものが，Na^+, NH_4^+ のように安定なものでなく，不対電子を持つカチオンラジカルであることである（これは，光電子移動で電子を失った側の生成物と同じである）．カチオンラジカルは，いろいろな反応をし得るが，最も一般的な反応は H^+ を失ってラジカルになるものである．第二に，親分子からたたき出されて多量に生成する電子は，それ自体が反応活性種であることである．電子は最も基本的な還元剤であり，多彩な還元反応をひき起す．

水の放射線分解では主として，電子と ·OH（ラジカル）とが生じる．

$$H_2O \xrightarrow{放射線} H_2O^+ + e^-$$
$$\downarrow \qquad\qquad \downarrow H^+$$
$$·OH + H^+ \quad H·$$

電子は，H^+ があると，水素原子に変る．水を放射線分解すると，還元性の電子 H· と，酸化性の ·OH が生成して反応を開始する．水の中に無機化合物，有機化合物を溶かしておくと，還元や酸化が起ることになる．例えば $ClCH_2$-COOH であれば，次のような反応を起こすことになる．

$$ClCH_2COOH + e^- \longrightarrow Cl^- + ·CH_2COOH$$
$$ClCH_2COOH + H· \longrightarrow H_2 + ClĊHCOOH$$
$$ClCH_2COOH + ·OH \longrightarrow H_2O + ClĊHCOOH$$

同じ還元性活性種である e^- と H· とで生成物が違っていることに注意しよう．

有機化合物に放射線を照射する場合も同じである．炭化水素から電子がはじき飛ばされて，カチオンラジカルが生成する．これは短寿命で，そのままの形で反応することは希で，H^+ を放出してラジカルとなり反応に関与することが多い．

$$RH \xrightarrow{放射線} RH^+ \longrightarrow R· + H^+$$

放出された電子はそのまま反応することも多いが，H^+ とめぐり合って水素原子となったり，カチオンラジカルと反応して励起分子を生じ（RH^+ と e^- が

結合して生成する RH はイオン化エネルギー分の過剰エネルギーを持ち励起状態になる），これが分解してラジカルなどの反応活性種が発生する．

$$e^- + RH^+ \longrightarrow (RH)^* \longrightarrow 分解生成物$$

光反応と放射線反応との活性種のでき方の違いにも注意しておこう．200 nm より長波長の光を用いる普通の光反応では，照射光に合致した吸収を持つ分子だけが選択的に励起（活性化）されるのだが，放射線の照射では，照射された物質が無差別に活性化される（より正確にいえば，その分子の持つ電子数に比例して活性化される）．すなわち，溶液に放射線照射すると，主として溶媒から活性種が発生する．

放射線の中では，電子線は透過力が低いが，X 線，γ 線は金属をも透過するので，γ 線の反応では，ガラス容器でなく，金属反応容器も使うことができる．

以上のことは，放射線を実用化する際に考慮すべき点である．

16.2 電子線レジスト

放射線反応は光反応と相補的に利用される．フォトレジストの代替技術として**電子線レジスト**がある．フォトレジストを用いた場合，小さい基板の上にどれだけ多くの素子を詰め込むことができるかという集積度の限界は，使用する光の波長が握っている．光は 1 波長より小さいものを識別することができない．すなわち，光でパターンを作るとき，1 波長より短い細工は原理的に不可能である．これに対し，電子線は加速電圧を十分にとれば，加速された電子が担っている物質波の波長を可視・紫外光より短くすることができる．すなわち，電子線レジストはフォトレジストより集積度の高いものを作れる可能性がある．

電子線レジストの場合に起る反応は，これまで述べてきたように光反応と異なる場合がある．結果としては同じ型の反応に帰着する場合も多いが，少なくとも初期過程は違う．それ故，使う材料も異なってくる．電子線レジストで用いられる材料の例を書いておこう．p. 187 のフォトレジスト材料とくらべていただきたい．

ポジ型

$$\left(\begin{array}{c}CH_3\\|\\-C-CH_2-\\|\\COOCH_3\end{array}\right)_n \xrightarrow[\text{主鎖の開裂}]{\text{電子線 X線}} \begin{array}{c}CH_3\\|\\-C-\\|\\COOCH_3\end{array} \cdot CH_2- \longrightarrow \text{解重合}$$

ポリ(メタクリル酸メチル)

ネガ型

$$\left(\begin{array}{c}CH_3\\|\\-C-CH_2-\\|\\COOCH_2-CH-CH_2\\\diagdown O \diagup\end{array}\right)_n \xrightarrow{\text{電子線 X線}} \text{架橋}$$

ポリ(メタクリル酸グリシジル)

$$\left(-CH-CH_2-\underset{\underset{CH_2Cl}{\big|}}{\bigcirc}\right)_n \xrightarrow{\text{電子線 X線}} -CH-CH_2-\underset{\underset{CH_2\cdot}{\big|}}{\bigcirc} \quad Cl\cdot \longrightarrow \text{架橋}$$

ポリ(クロロメチルスチレン)

16.3 ● 電 気 化 学 反 応

　電気化学反応（電気分解）では，陰極で電子の供給が行われ，アニオンラジカル $P^{\bar{\cdot}}$ が生じ，陽極では電子がはぎ取られてカチオンラジカル $Q^{\dot{+}}$ が生じる（**図 16.3**）．ここで作られる活性種の一つカチオンラジカルは放射線反応で作られるものと同じであり，アニオンラジカルは自由電子が分子に捕捉された形のものである．すなわち，電気化学反応で作られる活性種は放射線反応で作られるものと似ている．このようなことから，光反応，放射線反応，電気化学反応は，重なり合い，また相補的であって，その特徴を生かして使いわけることができる．

　電気化学反応（電極反応）が放射線反応と異なる点は，放射線が溶媒，溶質を無差別に活性化するのに対し，電極反応では，電圧のコントロールにより，溶質の中でもあるものだけを選択的に活性化することができることである．

　光反応，放射線反応，電極反応を比較した**表 16.1** を掲げる．

16.3　電気化学反応

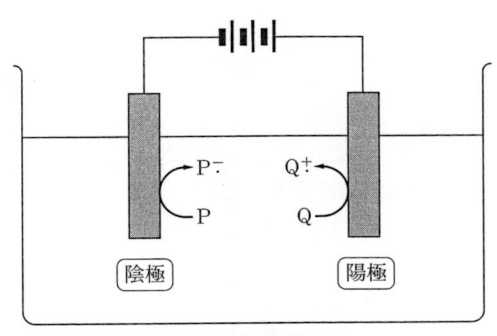

[図: 電気分解装置。陰極側に P⁻/P、陽極側に Q⁺/Q]

図 16.3　電気化学反応

表 16.1　光反応，放射線反応，電極反応の比較

	光化学反応	放射線化学反応	電気化学反応
反応手段	可視〜紫外光の照射 波長 700〜200 nm	γ 線，電子線の照射	電気分解
分子に与えられるエネルギー	数 eV	$10 \sim 10^6$ eV 放射線粒子（光子）の持つエネルギーは大きいが物質の中で段階的にエネルギーを失う．	数 eV
選択性	選択的（選択律）	無差別	選択的
発生する活性種	励起種 ラジカルイオン ↓ ラジカル 初期には励起種が生成する．それがそのまま反応することもあるが，分解でラジカル種が発生し，それが生成物に導かれることも多い．	カチオンラジカル，電子 励起種 ↓ ラジカル 初期には短寿命のカチオンラジカルと電子とが生じる．電子はそのまま反応することもあるが，カチオンラジカルはラジカルなどに分解し次の反応につながる．	カチオンラジカル，電子，アニオンラジカル ↓ ラジカル
使用する器具	ランプ レーザー シンクロトロン放射光	放射性同位体が出す放射線（α, β, γ 線） 加速器（電子線, 重粒子線） X 線発生装置	電気分解装置
反応容器	ガラス 石英	ガラスだけでなく金属反応容器も使える．	かなり自由に選べる．

参 考 書

1) 事典的なもの

光と化学の事典編集委員会 編:光と化学の事典.丸善 (2002).

W. M. Horspool, P. -S. Song: CRC Handbook of Organic Photochemistry and Photobiology. CRC Press (1994).

S. L. Murov, I. Carmichael, G. L. Hug: Handbook of Photochemistry 2nd ed., Marcel Dekker (1993).

2) 光化学を全体的に概観したもの

井上晴夫,高木克彦,佐々木政子,朴 鍾震:光化学I.丸善 (1999).

P. Suppan: Chemistry and Light. The Royal Society of Chemistry (1994).

3) 無機化合物・金属錯体・有機金属化合物の光化学

佐々木陽一,石谷 治 編著:金属錯体の光化学.三共出版 (2007).

V. Balzani, V. Carassiti: Photochemistry of Coordination Compounds. Academic Press (1970).

A. W. Adamson, P. D. Fleischauer eds.: Concepts of Inorganic Photochemistry. Wiley-Interscience (1975).

G. L. Geoffroy, M. S. Wrighton: Organometallic Photochemistry. Academic Press (1979).

4) 有機化合物の光化学

N. J. Turro: Modern Molecular Photochemistry. Benjamin (1978).

杉森 彰:有機光化学.裳華房 (1991).

伊沢康司:やさしい有機光化学.名古屋大学出版会 (2004).

松浦輝男:有機光化学.化学同人 (1970).

5) 光化学実験法

日本化学会 編:第4版 実験化学講座11 反応と速度(3 光化学).丸善 (1993).

日本化学会 編:新実験化学講座 14 有機化合物の合成と反応 V 有機光化学反応研

究の進め方. 丸善 (1978).
その他, 実験化学講座, 実験化学講座 続, 新実験化学講座, 第4版 実験化学講座, 第5版 実験化学講座 には, 分光などの項目で光化学の基本的実験法が扱われている.

6) レーザー光化学
伊藤道也:レーザー光化学 ―基礎から生命科学まで―. 裳華房 (2002).
佐藤博保:レーザー光化学 ―基礎から応用まで―. 三重大学出版会 (1999).
佐藤博保:レーザー化学. 化学同人 (2003).

7) 光機能性
長谷川靖哉, 細川洋一郎, 中嶋琢也:光ナノ科学への招待. 化学同人 (2010).
光化学協会 編:光化学の驚異 ―日本がリードする「次世代技術」の最前線―. 講談社 (2006).
長村利彦:化学者のための光科学. 講談社 (2011).
日本化学会 編:人工光合成と有機系太陽電池. CSJ カレントレビュー 02, 化学同人 (2010).
御橋廣眞 編:蛍光分析とイメージングの手法. 学会出版センター (2006).
日本化学会 編:光が活躍する. 大日本図書 (1993).
時田澄男 監修:エレクトロニクス用機能性色素. シーエムシー (2005).

索　引

① 「光」を「コウ」とも「ヒカリ」とも読む術語は「コ」と「ヒ」の両方の項に記載した．
② 二つの異なった概念・現象に対して用いられる術語のうち，特に「光」との密接な関係を強調する必要がある一方については * を付して示した．

ア

青色蛍光タンパク質　205
アゾ化合物　110
アゾベンゼン　46, 190
アミン　110
アルケン　100
アルケンへの付加
　　励起ケトンの――　47
アルコール　104
アンタラ形　59

イ

イクオリン　205
異性化*　119
位相　21
　　電子軌道の――　51
　　光の――　191
一重項酸素　8, 10, 22, 86, 123, 153
　　――による酸化*　123
一重項状態　22
稲作のエネルギー効率　4
イミン　110

エ

エーテル　104
エキシプレックス　71, 74, 76
エキシマー　74
エキシマーレーザー　217

オ

液晶ディスプレイ　211
液体レーザー　216
演色性　210
エン反応　126

オキセタン　107
オゾン層破壊　162
帯スペクトル　28
オプトエレクトロニクス　196

カ

開環・閉環→閉環・開環
開環・閉環*→閉環・開環*
回折・干渉による色　175
外部光電効果　177
外部照射　136
外部量子効率　213
化学発光　203
化学レーザー　217
過酸化物　106
画素　181
カソードルミネッセンス　202
片道異性化　93
価電子帯　179, 183
カミオカンデ　177
カラーサークル　176
カルベン　153
カルボン酸　108

キ, ク

還元力　61
　　励起状態の――　61
干渉性　215
桿体細胞　177

気体レーザー　217
基底状態　14
希土類添加ファイバー増幅器　196
機能性色素　138
逆旋　58
吸収
　　光の――　16, 176
協奏反応　51
共鳴安定化エネルギー　190
共役エノン　108
共役ポリエン　100
銀塩写真　178
禁制　23
禁制帯　184
金属錯体　116
空軌道　18
クロロフィル a　157

ケ

蛍光　29, 30, 201
　　――の量子収量　202
蛍光イメージング法　207
蛍光増白剤　202
蛍光灯　203, 208

蛍光プローブ 206
ケイ素 180
ケイ素化合物 112
ケトン，アルデヒド 106
ケミルミネッセンス 203
原子価異性 102

コ

高圧水銀ランプ（高圧水銀灯） 131-133
光化学系 I 156
光化学系 II 156
光化学スモッグ 162
光化学第一法則 42
光化学第二法則 42
光化学反応機構の解明 139
光学材料 136
項間交差 29,33
光合成 155
剛性溶媒法 148
高速度撮影 181
光電管 177
光電効果 175,177
光電子 177
光電子移動 69,78
光電子増倍管 177
光反応→光反応
光量計 143
黒体放射 199
固体半導体光触媒 95
固体レーザー 215
コヒーレンス 215

サ

最低三重項エネルギー 88
撮像素子 180

酸化* 123
　一重項酸素による—— 123
酸化力 61
　励起状態の—— 61
三原色 176
　加法混色の—— 176
　減法混色の—— 176
三重項 85
三重項状態 22
三重項増感 85,213
三色分解 181
酸性 38
　励起状態の—— 38
三波長型蛍光灯 203
散乱による色 175

シ

ジアゾ化合物 110
ジアゾニウム塩 112
ジアリールエテン 190
視覚 175
時間分解分光法 144
色覚 175
色素レーザー 201,216
シグマトロピー転位 52,58
trans-シクロオクテン 47
仕事関数 177
自然放出 30,217
ジπメタン転位 100
下村 脩 205
重原子効果 37
周波数帯域 194
照射容器 135
情報の長期保存 181,197

触媒 82
　光反応における—— 82
シリレン 112
人工光合成 163
真性半導体 183
シンチレーション 203
振電スペクトル 28

ス

水銀ランプ（水銀灯） 129
水素引き抜き 47,63
　励起ケトンの—— 47,63
錐体細胞 177,181
スーパーオキシドアニオンラジカル 127
スチルベン 46,103
スピン-軌道相互作用 37
スプラ形 59
スメクチック液晶 212
スルフィド 114
スルホン 114

セ，ソ

正四面体分子 45
生物発光 203
赤外線 16
赤外線吸収色素 189
絶対音感 192
絶対不斉合成 173
遷移確率 23
閃光光分解 144
選択吸収による色 175
増感* 82,178
阻害剤 153

タ

体積型 192
太陽光のスペクトル 200
太陽全放射量 4, 201
太陽電池 179
脱励起 82, 88, 93
単色光の取り出し 134

チ

チオール 114
チオカルボニル 114
チオカルボン 114
置換反応* 122
逐次処理 181
チタニルフタロシアニン 183
チミン二量体 161

テ, ト

低圧水銀ランプ（低圧水銀灯）129, 131-133, 203
デジタルカメラ 181
テトラピロール 159
テトラヘドラン 45
転位* 119
電荷移動錯体 71, 72
電荷移動状態 64
　励起ケトンの── 64
電気化学 224
電気通信 194
電極反応 224, 225
電子軌道の位相 51
電子写真 182
電子線レジスト 223
電子的励起状態 14
電磁波の発生 198
電信 194
伝導帯 179, 183
電話 194
同軸ケーブル 195
同旋 58
ドーピング 184

ナ, ニ

内部光電効果 177, 179, 180, 182
内部照射 136
内部変換 29, 33, 189
二酸化チタン 95, 98, 180
二次電子 177
ニトロ化合物 112

ネ

ネガ型 186
ねじれネマチック液晶 212
熱発光 199
熱ルミネッセンス 203
ネマチック液晶 212

ハ

バイオルミネッセンス 203
バクテリオクロロフィル b 157
発芽の調節
　光による── 159
発光過程 29
発光ダイオード 208
ハロゲン化合物 104
半導体ダイオード 185
半導体レーザー 218
反応活性種 140

ヒ

ヒートモード 189
光 14
光異性化 → 異性化*
光演算 193
光開環・閉環 → 閉環・開環*
光化学系 I 156
光化学系 II 156
光化学第一法則 42
光化学第二法則 13, 42
光化学反応機構の解明 139
光共振器 215
光記録 186
光工学 196
光合成 155
光コンピューター 193
光酸化 → 酸化*
光触媒 95, 98
光増感 → 増感*
光置換反応 122
光通信 194
光ディスク 189
光転位 → 転位*
光電子移動 69, 78
光当量則 42
光ニトロソ化 45, 166
光の吸収 16, 176
光の発生 198
光反応
　アゾ化合物の── 110
　アミンの── 110
　アルケンの── 100
　アルコールの── 104
　アルデヒドの──

106
イミンの── 110
エーテルの── 100
過酸化物の── 106
カルボン酸の──
　108
共役エノンの──
　108
共役ポリエンの──
　100
金属錯体の── 116
ケイ素化合物の──
　112
ケトンの── 106
ジアゾ化合物の──
　110
ジアゾニウム塩の──
　112
スルフィドの──
　114
スルホンの── 114
チオールの── 114
チオカルボニルの──
　114
チオカルボン酸の──
　114
ニトロ化合物の──
　112
ハロゲン化合物の──
　104
フェノールの──
　104
芳香族炭化水素の──
　102
無機酸エステルの──
　106
　──の波長依存性　141
光ファイバー　195

光付加環化→付加環化*
光閉環・開環→閉環・開環*
光無線通信　195
光（誘起）電子移動　69
光リトグラフィー　186
光 Claisen 転位→ Claisen 転位*
光 CVD　170
光 Fries 転位→ Fries 転位*
非垂直励起　92
被占軌道　18
非線形光学　216
ビタミン D_3　168
ヒトゲノム　206

フ

フィトクローム　159
フェノール　104
フォトクロミズム　190
フォトダイオード　180
フォトニクス　196
フォトニック結晶　196
フォトポリマー　191
フォトリフラクティブ材料　193
フォトルミネッセンス　201
フォトレジスト　54,186,192
フォトンモード　189
付加環化　52,53,120
付加環化*　52,53,120
付加反応　120
不純物半導体　184
フッ化水素レーザー　217
フラーレン　171

プラズマディスプレイパネル　211
フロンティア軌道理論　51
分散による色　175

ヘ

閉環・開環　52,57,120
閉環・開環*　52,57,120
ヘッドアップディスプレイ　193
ベンズバレン　7,119
ベンズピナコール　201
ベンゾフェノン　201

ホ

芳香族炭化水素　102
放射線化学　221
放射線反応　225
ポジ型　186
補色　176
捕捉剤　153
ホログラフィー　191
本多-藤嶋効果　96,180

マ 行

マイクロ波　16
摩擦ルミネッセンス　203
マトリックス単離法　148
密度汎関数理論　219
無機酸エステル　106
無放射過程　29,33
メチレンブルー　127
モル吸光係数　16,17

ユ

有機 EL（エレクトロルミネッセンス）　211,213

有機光伝導体 138, 183
誘導放出 31, 215, 217

ラ, リ

ラジオ波 16
ラジオルミネッセンス 203
ラジカル 153
硫化カドミウム 182
量子収率 → 量子収量
量子収量 42, 142, 178, 204
　　──の測定 141
　　蛍光の── 202
緑色蛍光タンパク質 205
りん光 29, 30, 201

ル

ルシフェラーゼ 204
ルシフェリン 204
ルビーレーザー 215
ルミネッセンス 199

レ

励起 14
励起一重項 205
励起エネルギーの移動 83
励起錯体 74
励起種 140
励起状態 14
冷光 199
レインボーホログラム 192
レーザー 214
レーザープリンター 183
レチナール 160, 190
レリーフ型 192

ロ

ローズオキシド 168
ローズベンガル 127
ローダミンB 216
ロドプシン 160, 190

アルファベットなど

Alq_3 214
Barton 反応 106, 118
BD 189
BFP 205
CCD 181
CdS 182
CD 189
Cherenkov 放射 177
cis-$trans$ 異性化* 11, 89
Claisen 転位* 104
CMOS 181
CNDO 法 218
CT 錯体 71
Dewar ベンゼン 7, 119
DFT 219
Diels-Alder 反応 12
DNA プローブ 206
DVD 189
E-Z 異性化 11, 89
Einstein 13
Fourier 変換 193
Fraunhofer 回折 193
Fries 転位* 108
Gabor 191
Gaussian 218
GFP 205
Grätzel 電池 67, 179
Honda-Fujishima 効果 96, 180
IL 励起 65
INDO 法 218

$Ir(ppy)_3$ 214
Kasha 則 35, 216
Lambert-Beer の法則 17
LED 208
LF 励起 65
Lippmann ホログラム 192
LMCT 励起 65
MLCT 励起 65
n-π^*励起状態 21
Nd-YAG 216
Norrish Type I 反応 106
Norrish Type II 反応 63, 106
n 型半導体 179, 185, 186
n 軌道 21
OLED 211
p-n 接合 209
PDP 211
Planck 199
Porter 145
PPP 分子軌道法 218
p 型半導体 179, 185, 186
SAC-CI 219
Stark 13
Stern-Volmer 式 150
Stokes シフト 201, 210
TDDFT 219
TLD 203
Woodward-Hoffmann 則 51
X 線光電子スペクトル 178
YAG 32, 215
π 結合 20
σ 結合 20
[2+2] 付加環化 103

著者略歴

杉森 彰（すぎもり あきら）

1956 年	東京大学理学部化学科卒業
1958 年	東京大学大学院修士課程修了
	日本原子力研究所研究員
1963 年	上智大学助教授
1972 年	同教授
1999 年	上智大学名誉教授

時田澄男（ときた すみお）

1965 年	横浜国立大学工学部応用化学科卒業
1970 年	東京大学大学院博士課程修了
同 年	埼玉大学助手
1971 年	同講師
1972 年	同助教授
1992 年	同教授
2007 年	埼玉大学名誉教授

光化学 ― 光反応から光機能性まで ―

2012 年 9 月 25 日　第 1 版 1 刷発行
2024 年 2 月 25 日　第 1 版 5 刷発行

検印省略

定価はカバーに表示してあります．

著作者	杉 森　　 彰
	時 田　澄 男
発行者	吉 野 和 浩
発行所	東京都千代田区四番町 8‒1
	電　話　03-3262-9166（代）
	郵便番号　102-0081
	株式会社　裳 華 房
印刷製本	株式会社　デジタルパブリッシングサービス

一般社団法人 自然科学書協会会員

〈出版者著作権管理機構 委託出版物〉
本書の無断複製は著作権法上での例外を除き禁じられています．複製される場合は，そのつど事前に，出版者著作権管理機構（電話03-5244-5088，FAX 03-5244-5089，e-mail: info@jcopy.or.jp）の許諾を得てください．

ISBN 978-4-7853-3089-7

© 杉森　彰，時田澄男，2012　Printed in Japan

物理化学入門シリーズ　各Ａ５判

物理化学の最も基本的な題材を選び，それらを初学者のために，できるだけ平易に，懇切に，しかも厳密さを失わないように，解説する．

化学結合論

中田宗隆 著　192頁／定価 2310円（税込）

化学結合を包括的かつ系統的に楽しく学べる快著．
【主要目次】1. 原子の構造と性質　2. 原子軌道と電子配置　3. 分子軌道と共有結合　4. 異核二原子分子と電気双極子モーメント　5. 混成軌道と分子の形　6. 配位結合と金属錯体　7. 有機化合物の単結合と異性体　8. π結合と共役二重結合　9. 共有結合と巨大分子　10. イオン結合とイオン結晶　11. 金属結合と金属結晶　12. 水素結合と生体分子　13. 疎水結合と界面活性剤　14. ファンデルワールス結合と分子結晶

化学熱力学

原田義也 著　212頁／定価 2420円（税込）

初学者を対象に，化学熱力学の基礎を，原子・分子の概念も援用してわかりやすく丁寧に解説．
【主要目次】1. 序章　2. 気体　3. 熱力学第１法則　4. 熱化学　5. 熱力学第２法則　6. エントロピー　7. 自由エネルギー　8. 開いた系　9. 化学平衡　10. 相平衡　11. 溶液　12. 電池

量子化学

大野公一 著　264頁／定価 2970円（税込）

量子化学の基礎となる考え方や技法を，初学者を対象に丁寧に解説．
【主要目次】1. 量子論の誕生　2. 波動方程式　3. 箱の中の粒子　4. 振動と回転　5. 水素原子　6. 多電子原子　7. 結合力と分子軌道　8. 軌道間相互作用　9. 分子軌道の組み立て　10. 混成軌道と分子構造　11. 配位結合と三中心結合　12. 反応性と安定性　13. 結合の組換えと反応の選択性　14. ポテンシャル表面と化学　付録

反応速度論

真船文隆・廣川　淳 著　236頁／定価 2860円（税込）

反応速度論の基礎から反応速度の解析法，固体表面反応，液体反応，光化学反応など，幅広い話題を丁寧に解説した反応速度論の新たなるスタンダード．
【主要目次】1. 反応速度と速度式　2. 素反応と複合反応　3. 定常状態近似とその応用　4. 触媒反応　5. 反応速度の解析法　6. 衝突と反応　7. 固体表面での反応　8. 溶液中の反応　9. 光化学反応

化学のための数学・物理

河野裕彦 著　288頁／定価 3300円（税込）

背景となる数学・物理を適宜習得しながら，物理化学の高みに到達できるよう構成した．
【主要目次】1. 化学数学序論　2. 指数関数，対数関数，三角関数　3. 微分の基礎　4. 積分と反応速度式　5. ベクトル　6. 行列と行列式　7. ニュートン力学の基礎　8. 複素数とその関数　9. 線形常微分方程式の解法　10. フーリエ級数とフーリエ変換　―三角関数を使った信号の解析―　11. 量子力学の基礎　12. 水素原子の量子力学　13. 量子化学入門　―ヒュッケル分子軌道法を中心に―　14. 化学熱力学